Uwe H. Sültz

Wilhelm Vahland

Azimut, Lissajous Figur & Co. einfach erklärt in Wort, Bild & Makro

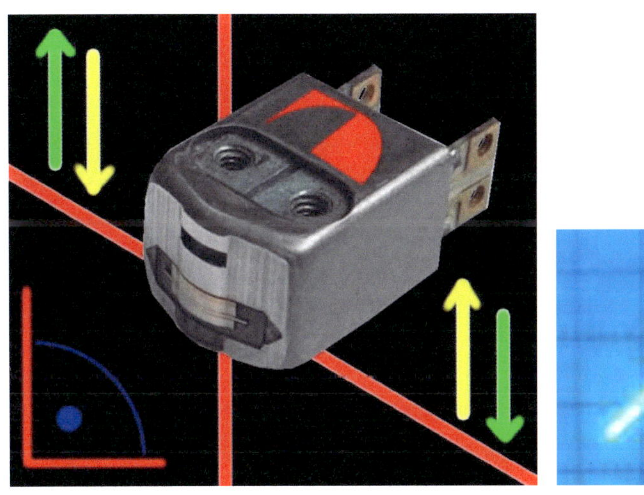

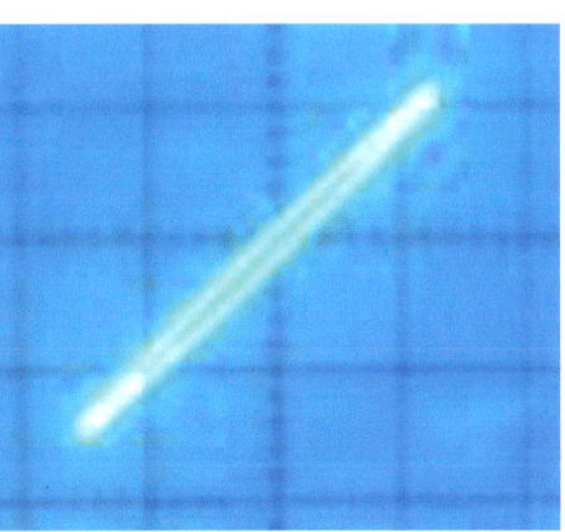

Bibliografische Information durch die Deutsche Nationalbibliothek

Die Deutsche Nationalbibliothek verzeichnet diese Publikation in der Deutschen Nationalbibliografie; detaillierte bibliografische Daten sind im Internet über http://dnb.dnb.de abrufbar.

Herstellung und Verlag: BoD – Books on Demand, Norderstedt

ISBN 9-78375-8-38374-8

<u>Inhaltsangabe:</u>

Sültz Bücher
Cassetten-Tonbandgerät
ELAC CD 400 + CD 500 + CD 520
Bedienungsanleitung

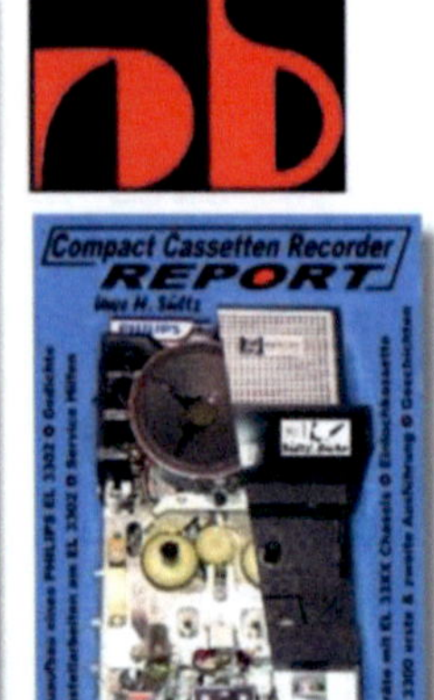

Compact Cassetten Recorder
REPORT
Uwe H. Sültz

Compact Cassetten
REPORT
Teil 2:
Sammeln - Tipps - Kaufberatung - Geschichte
Compact Cassetten der Kaufhäuser,
des Elektrohandels und der Zulieferer
WOOLWORTH HERTIE WALTHAM METRO
HORTEN NECKERMANN INTERFUNK
QUELLE KARSTADT HEPA EDEKA

Compact Cassetten
REPORT
PHILIPS Einloch-Kassette
vs.
PHILIPS Compact-Cassette
Uwe H. Sültz
...and the winner is...

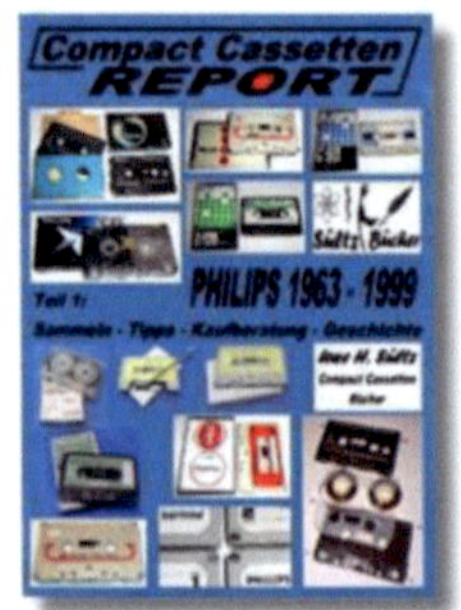

Compact Cassetten
REPORT
PHILIPS 1963 - 1999
Teil 1:
Sammeln - Tipps - Kaufberatung - Geschichte
Uwe H. Sültz
Compact Cassetten Bücher

ELAC - THE FISHER - NAKAMICHI
Sültz Service & Reparatur
MeisterBetrieb seit 1973

Sültz Bücher
Cassetten-Tonbandgerät
ELAC CD 600   ELAC NAKAMICHI 500
NAKAMICHI 500
Bedienungsanleitung

Compact Cassetten
REPORT
Notiz-Heft & kleine Service-Kontrollen
für CC Recorder/Decks
ISOPROPANOL
MAXXI
Uwe H. Sültz
Sültz Books International

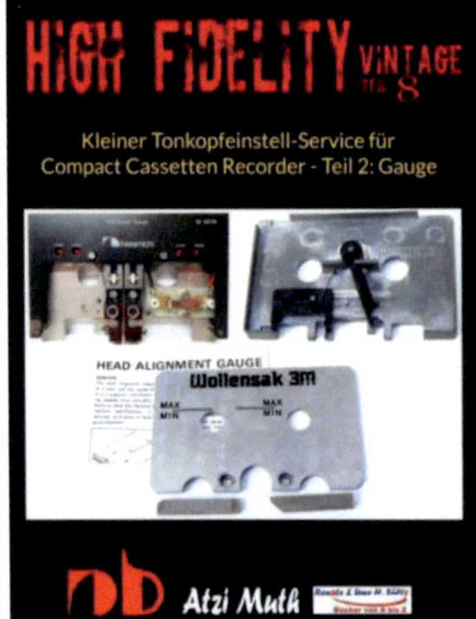

HIGH FIDELITY VINTAGE Teil 8
Kleiner Tonkopfeinstell-Service für
Compact Cassetten Recorder - Teil 2: Gauge
HEAD ALIGNMENT GAUGE
Wollensak 3M
MAX MIN   MAX MIN
Atzi Muth

SERVICEHEFT - WARTUNGSHEFT
Compact Cassetten Recorder Service Prüflisten
mit Anleitung

• WORLD'S FIRST! •

PHILIPS EL3300 CASSETTE REC/PLAYER
& TAPE CARTRIDGES (*cassette tapes*)
launched at the Berlin Radio Show 30th August 1963
and in the UK a year later in 1964

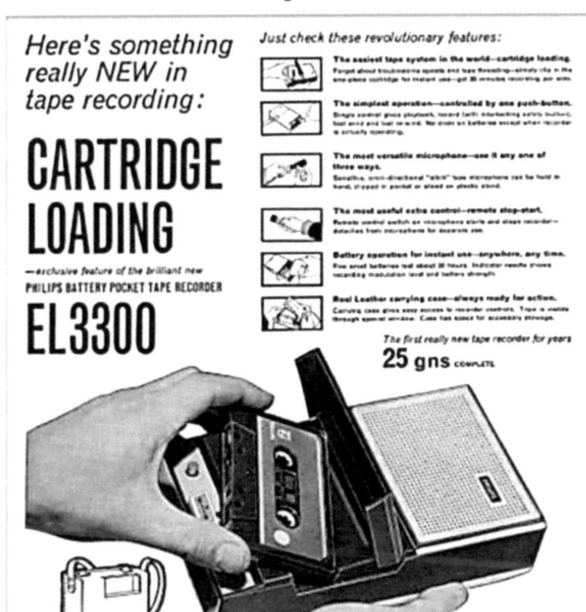

Mit dem **PHILIPS EL 3300** begann die Compact Cassetten Zeit. Nur Lou Ottens, Johannes Jozeph Martinus Schoenmakers und Peter van der Sluis dachten schon darüber nach, was ist, wenn der Kopf aufgebraucht oder verstellt ist? Erst 1965 kam die erste AZIMUT Testcassette zu den Werksvertretungen. Die Cassette wurde noch mit Muttern und Schrauben zusammengehalten. 5000 Hz und ein Millivoltmeter reichten damals aus für die Einstellung.

Am Anfang eines jeden Compact Cassetten Recorder Kaufs ist die Welt in Ordnung. Es gab bis 1971 nur Ferro-Bänder. Anfangs schmissen viele Marken ihre Bänder auf den Markt. Einige waren wie Schmirgelpapier zum Kopf. Das weiß heute jeder und damals wenige. Und dann spielte sich folgendes ab: Man steuerte die Aufnahme gut aus (beim 2-Kopf). Beim Abspielen spielte dann entweder ein Kanal oder auch beide Kanäle spielten nur noch dumpf die Musik ab. Es liegt auch daran, ob der Recorder stehend oder liegend das Band abspielt. Resultat: Der Kopf muss gewechselt werden. Und nun ist die Welt nicht mehr in Ordnung, zumindest die Recorder-Welt, denn ab jetzt können Fehler gemacht werden.

Aber auch, dass der Tonkopf beweglich ist, lassen Aufnahme und Wiedergabe dumpfer werden. Durch die Bewegung START/STOPP kann sich der Tonkopf verstellen.

Beide Ursachen sind eine Angelegenheit für die Kopfeinstellung, genannt AZIMUT.

Vorab aber erst einmal etwas Vorwissen, denn nicht jeder kann auf Anhieb die Lissajous-Figuren erklären:

Warum verstellt sich eigentlich der AZIMUT?

Die Konstruktion von Lou Ottens gibt vor, dass der Tonkopf in die Cassette bewegt wird. Lou Ottens und sein Team entwickelten Anfang der 1960'er Jahre den weltersten Recorder PHILIPS EL 3300. Dieser wurde auf der Funkausstellung 1963 vorgestellt. SÜLTZ ELEKTRONIK war dabei.

Während Tonköpfe in Tonbandgeräten bombenfest ihren Platz einnehmen, bewegen sich Tonköpfe eines Cassetten Recorders auf einem Schlitten. Dieser Schlitten kann sogar motorangetrieben ganz sanft für den Kopf/Band Kontakt sorgen... Bewegung bleibt! Ansonsten hätte NAKAMICHI nicht den DRAGON entwickelt. Je nach Phasenlage der Aufzeichnung justiert sich der Tonkopf ständig nach. Des Weiteren: Die Compact Cassetten sind nicht immer perfekt gegossen. Die Andruckrolle muss immer sauber sein. Und so könnte es weiter gehen. Alles muss addiert werden. Alles muss stimmen, damit der Winkel des Kopfspaltes zum Bandlauf genau, besser gesagt, ganz genau 90 Grad ist.

<u>**Etwas Physik vorweg:**</u>

Um sofort zu klären, was Lissajous-Figuren sind, ohne auf den Tonkopf oder Azimut einzugehen, hier ein wenig allgemeine Physik:

In WIKIPEDIA steht

(Sültz ist Förderer von WIKIMEDIA/WIKIPEDIA): „Lissajous-Figuren sind Kurvengraphen, die durch die Überlagerung zweier harmonischer, rechtwinklig zueinander stehender Schwingungen verschiedener Frequenz entstehen. Sie sind benannt nach dem französischen Physiker Jules Antoine Lissajous (1822–1880)." ... alles klar? Also ohne Schaubild bei „Willi" und mir noch nicht. „Willi" geht also gleich zur Tafel und zeigt ein Schaubild. „Willi" Wilhelm Vahland war Lehrer für angehende Radio- und Fernsehtechniker.

Lissajous-Figuren entstehen bei der Überlagerung zweier linearer harmonischer Schwingungen.

Was wir alle kennen ist, dass 2 Sinusschwingungen gleicher Art als Ergebnis eine Addition ihrer Amplitude aufweisen. Jetzt bitte auf das Schaubild sehen:

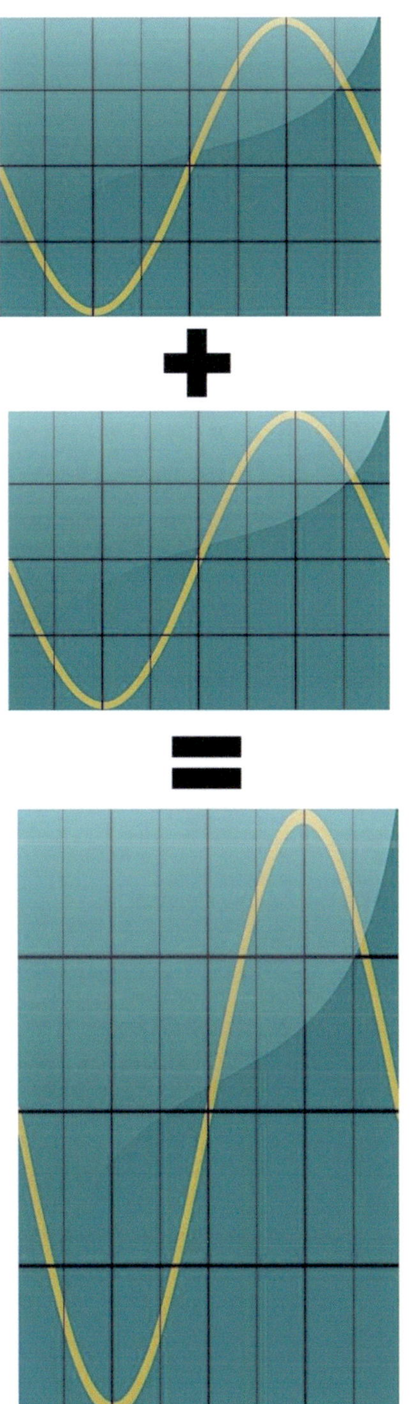

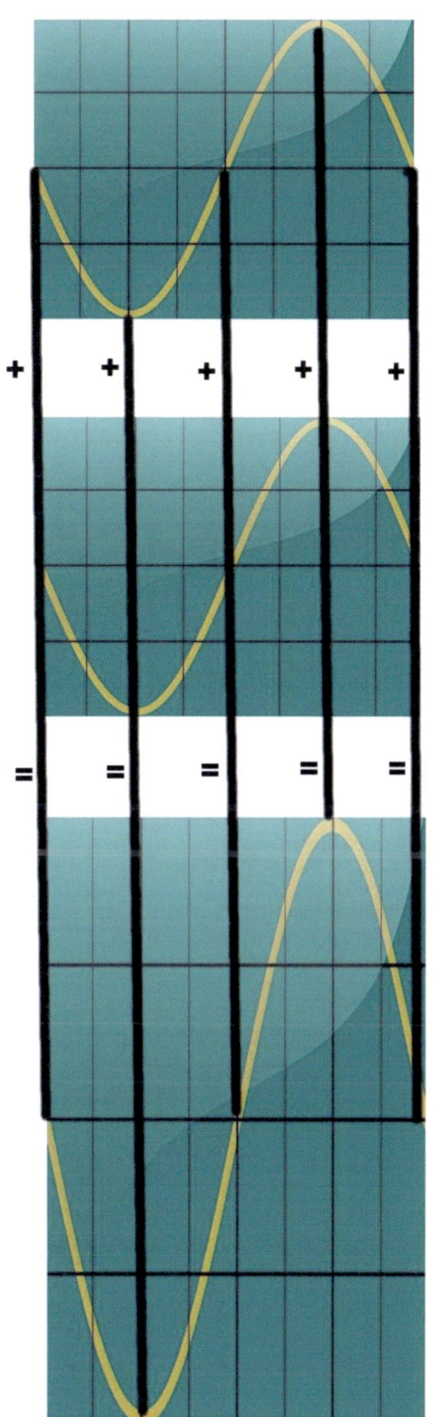

Zwei gleiche Sinusschwingungen addieren sich. Jedoch entsteht durch die Überlagerung zweier unterschiedlicher sinusförmiger Schwingungen nicht wieder eine Sinusschwingung. Es können, je nach Frequenzverhältnissen, Amplituden und Phasenunterschieden der Ausgangsschwingungen, sehr unterschiedliche Figuren entstehen. Das könnte sein, wenn wir versuchen, mit einer MusiCassette den Kopf einzustellen. Warum? Bei den BEATLES spielten rechts die Gitarren, in der Mitte der Gesang und links das Schlagzeug. Wir stellen den Azimut mit einer Einstell-Cassette ein. Sagen wir 1000 Hz zur Voreinstellung und 8500 Hz zur Feineinstellung, aber alles eben Sinuswellen. Zum Schaubild: Mehrere frequenzgleiche harmonische Schwingungen mit beliebiger Amplitude und irgendeiner gegenseitigen Phasenverschiebung (im Bild sind es zwei) ergeben bei der Überlagerung wieder eine harmonische Schwingung der gleichen Frequenz. Die Amplitude addiert sich.

Nun haben wir zwar auf dem Band rechts und links die Sinusschwingungen, aber die interessieren uns nicht, sondern uns interessiert das Band zum Kopf.

Denn, wir wissen ja,
Bandlauf zum Kopfspalt = 90 Grad.

Jetzt wird alles anders, denn die Lissajous-Figuren
kommen ins Spiel:

Lissajous-Figuren sind Überlagerungskurven zweier
rechtwinklig zueinander stehender Schwingungen.
Allgemein gilt: Sie treten auf, wenn die
harmonischen Schwingungen verschiedene
Frequenzen haben. Sie werden durch die Amplituden
und durch die Phasen der harmonischen
Schwingungen in ihrem Erscheinungsbild beeinflusst.
Haben die Schwingungen ein rationales Verhältnis
ihrer Frequenzen, so treten Lissajous-Figuren in Form
von geschlossenen Kurven auf. Bei einem
irrationalen Verhältnis der Frequenzen überstreicht
die Lissajous-Schleife mit der Zeit die gesamte
Fläche. Einige der bekanntesten Graphen gehören zu
den Lissajous-Figuren, z. B. Strecken, Ellipsen,
Kreise und die Parabeln.

Gut so, brauchen wir jetzt aber nicht zu wissen,
sondern NUR etwas über zwei Sinusschwingungen
mit 90 Grad Winkel zum Kopfspalt.

Und das sind keine tollen Kurven und Bilder, sondern nur ein Kreis, Ellipse bis zum Strich (idealerweise, wenn der Recorder perfekt eingestellt, eventuell sogar neu ist).

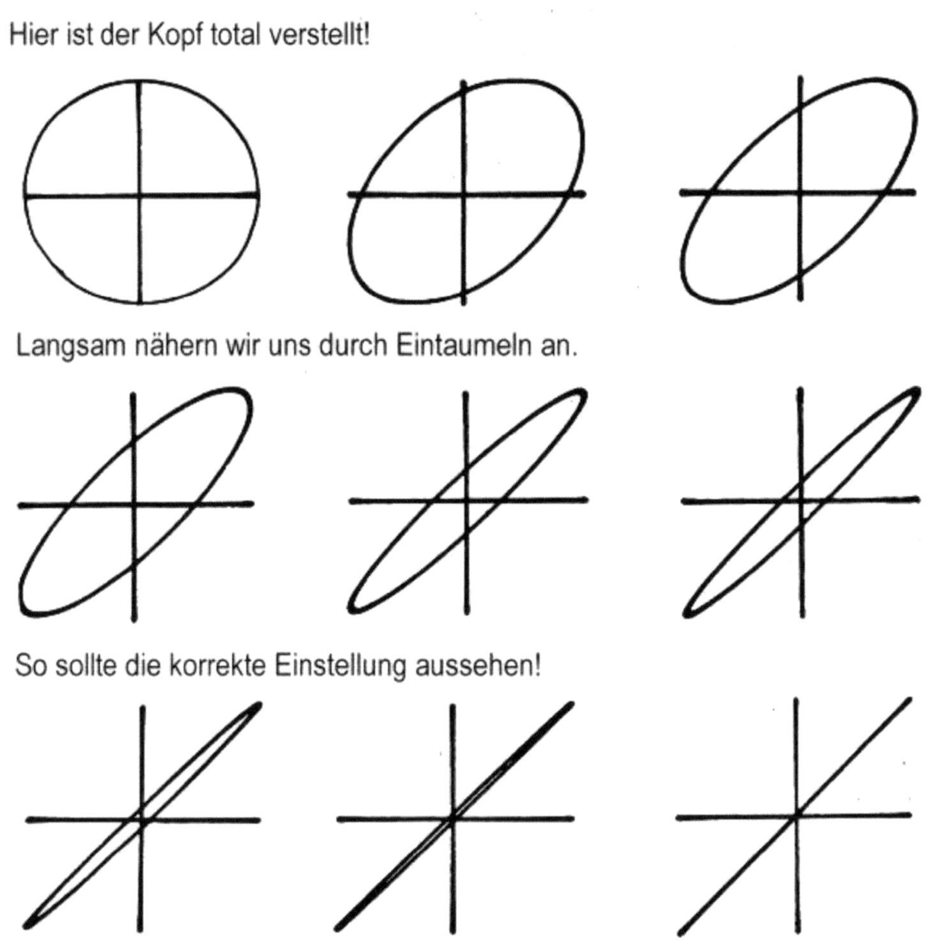

Das nächste Schaubild zeigt die Addition zweier Sinusschwingungen mit genau diesen 90 Grad zwischen Bandlauf zum Kopfspalt:

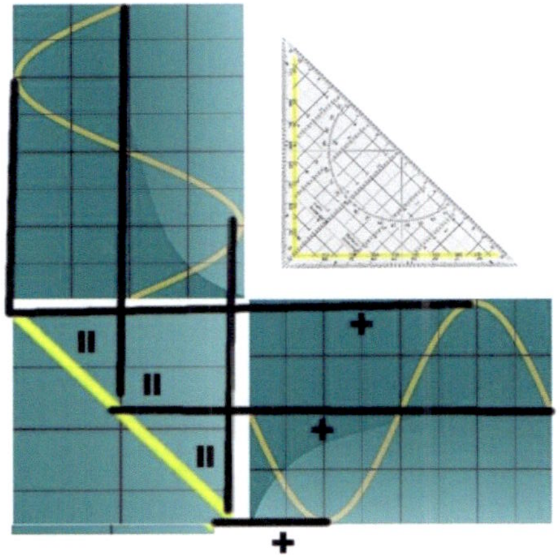

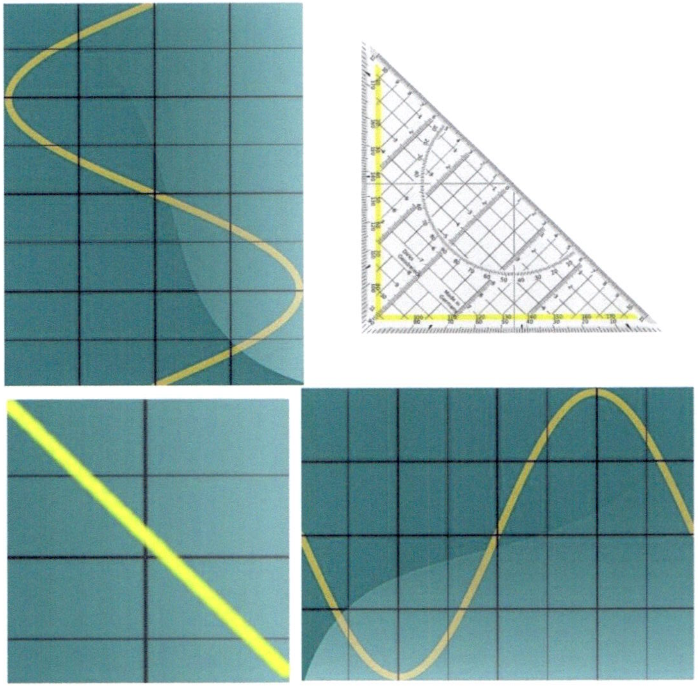

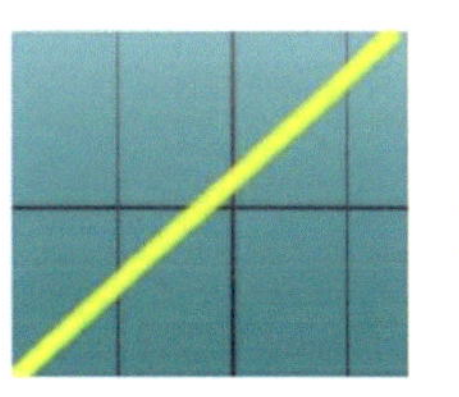

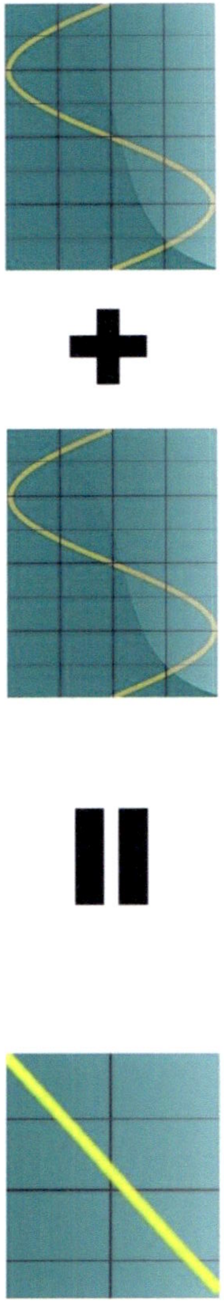

<u>**Etwas Technik nun:**</u>

<u>**Die Aufnahme – wie kommt es zum verstellten Kopf?**</u>

Aus dem Tonkopf-Spalt treten magnetische Felder aus und magnetisieren das vorbeilaufende Band. Hier ist eine sehr vereinfachte Darstellung, denn man müsste noch auf weitere Faktoren, wie die Quermagnetisierung, die Wellenlänge, usw., eingehen. Bewegt sich nun ein leeres Band am Tonkopf vorbei, so wird das Band mit der hier gezeigten Sinuswelle magnetisiert:

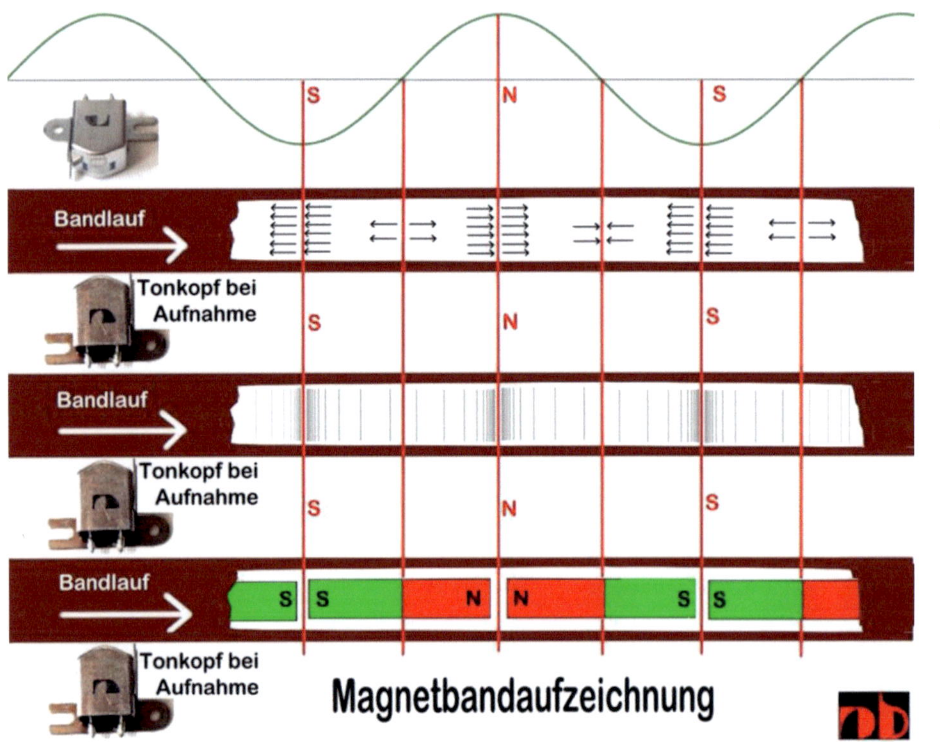

<u>**Hier nun 2 Signale:**</u>

Es handelt sich um eine MONO-Aufnahme einer Geige.

Ein weiteres Bild zeigt die Aufnahme eines 300 Hz-Testtones.

Die schwarzen Streifen stellen die magnetischen Nordpole dar und die weißen Streifen die magnetischen Südpole. Bei Wiedergabe wandelt der Tonkopf diese Nord/Süd-Magnetinformation in ein elektrisches Signal um... bis es schlussendlich als hörbaren Ton aus dem Lautsprecher erklingt.

Ein Geigenton besitzt zahlreiche Obertöne. Sie können bis über 20000 Hz reichen. Zu sehen sind schmale und breitere Streifen, das entspricht der Frequenz. Bei einem Sinuston von 300 Hz sind die Streifen gleich breit.

Würde nun ein Wiedergabekopf minimal schräg stehen und das Signal abtasten, heben sich Nord- und Südpole auf. Am Wiedergabekopf, besser gesagt am Wiedergabekopfspalt, wird kein Signal erzeugt.

Schauen wir uns zunächst einen Tonkopf von vorne an:

Tonkopf

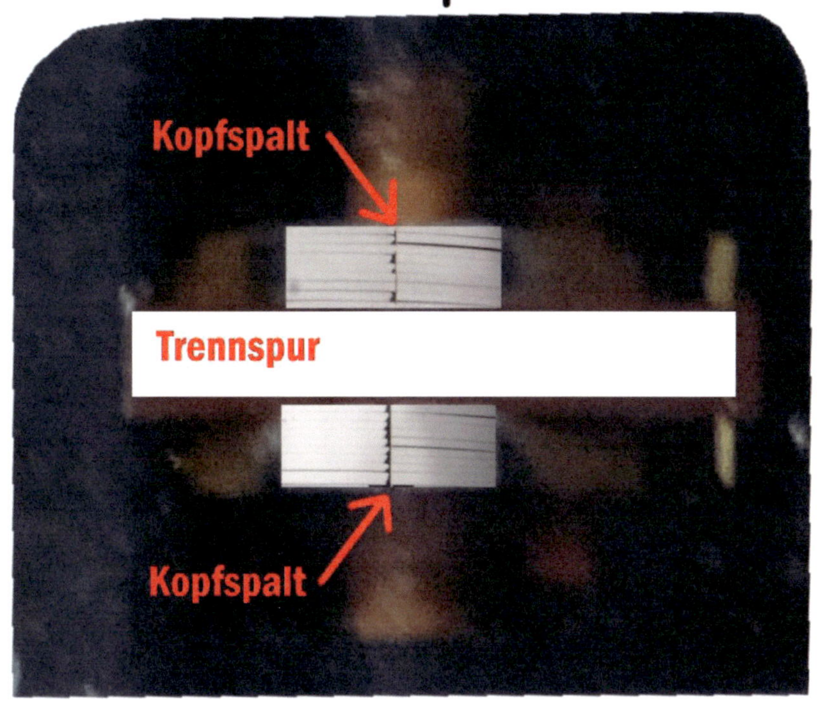

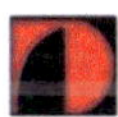

by SÜLTZ ELEKTRONIK

Es ist ein Tonband-Tonkopf dargestellt. Rechte und linke Kanal-Kernbleche und die Trennspur sind angedeutet.

Als nächstes lassen wir ein Tonband am Tonkopf vorbei laufen:

Tonkopf mit Tonband

by SÜLTZ ELEKTRONIK

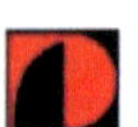

Das braune Tonband (kein Chrom ;-)) wird nun durchsichtig dargestellt, um die Kernbleche und den Kopfspalt sichtbar zu machen. Auch die braune Trennspur wird sichtbar. Bei Compact Cassetten Recordern handelt es sich um Trennbleche.

Tonkopf mit Tonband (Durchsicht)

by SÜLTZ ELEKTRONIK

Noch ist das Band leer.

Übrigens hat PHILIPS festgelegt, dass Compact Cassetten und Recorder mit „C" geschrieben werden, um international bestehen zu können!

Nun wird das Band bespielt und läuft auf dem nächsten Bild am Tonkopf vorbei.

Tonkopf mit bespieltem Tonband

by SÜLTZ ELEKTRONIK

Wir wollen nun wieder den Kopfspalt und die Kernbleche sichtbar machen.

by SÜLTZ ELEKTRONIK

Die Kernbleche sind nicht ganz waagerecht, das ist ein Fehler vom Autor! Sorry!

Wichtig ist das Verständnis, dass Tonkopf, Kopfspalt und Tonband einen Winkel von 90 Grad ergeben. Der AZIMUT stimmt.

Azimut 90 Grad

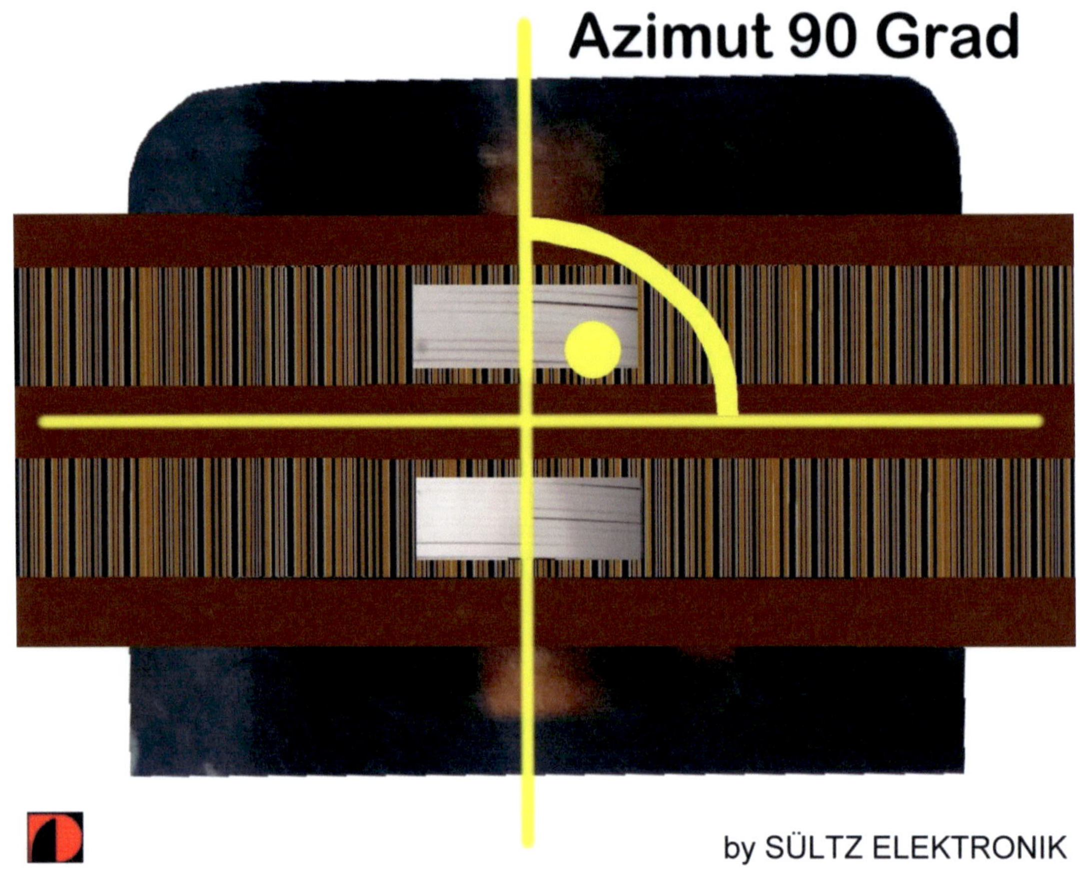

Eingezeichnet ist ein Winkel von 90 Grad.

Alles ist in Ordnung! Compact Cassetten können nun mit Freunden und Nachbarn getauscht werden. Voraussetzung ist natürlich, dass jeder Musikliebhaber korrekt eingestellte Geräte besitzt.

Kommen wir nun zu einem verstellten Kopf:

Verstellter Azimut

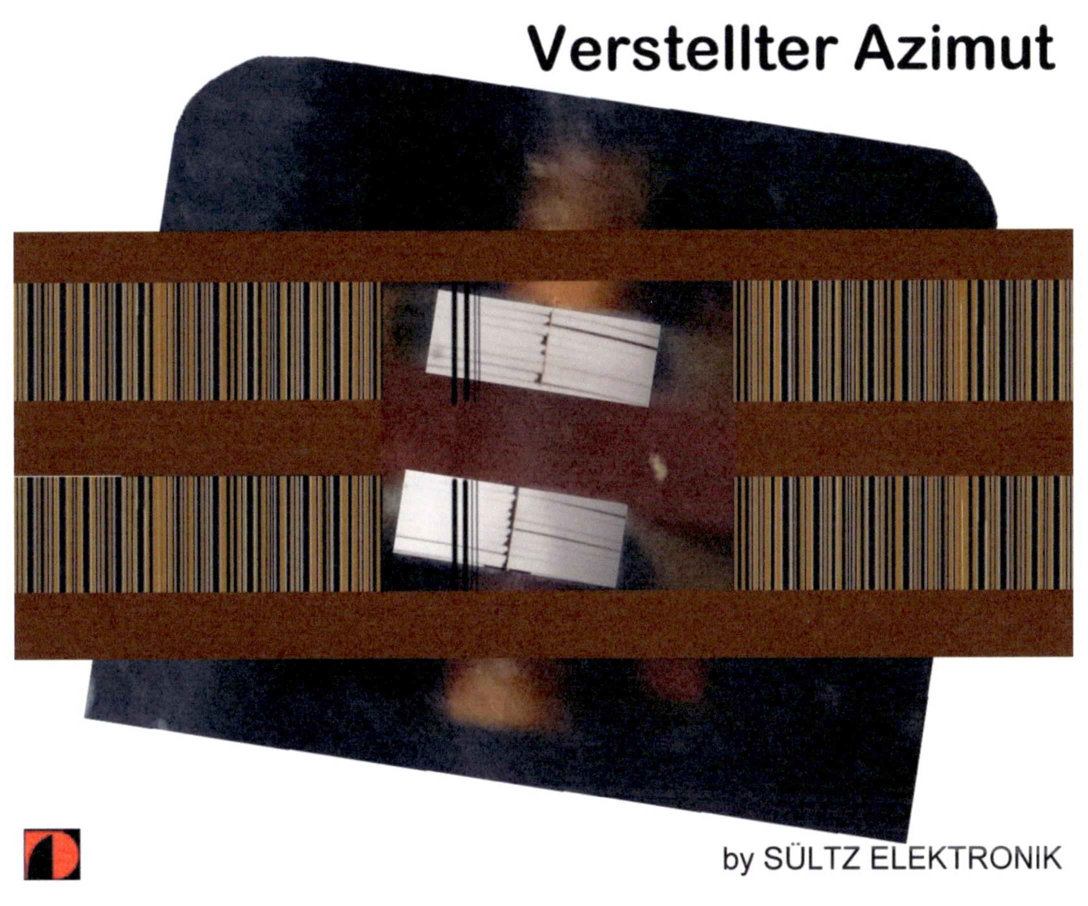
by SÜLTZ ELEKTRONIK

Hier ist der Kopfspalt keineswegs richtig eingestellt. Genauer lässt sich das mit Hilfe der Lupenfunktion zeigen.

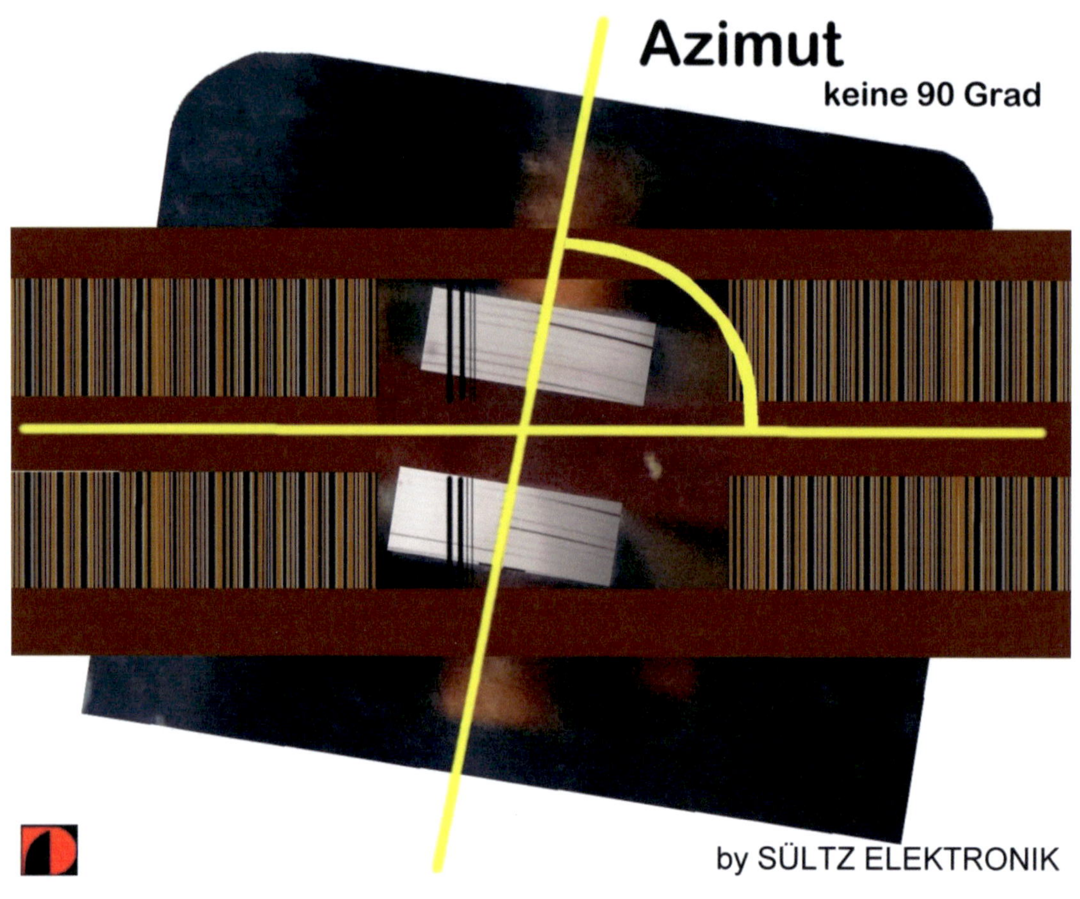

In diesem Bild sind die Winkel eingezeichnet.

Das nächste Bild zeigt die Lupenfunktion.

Verstellter Azimut

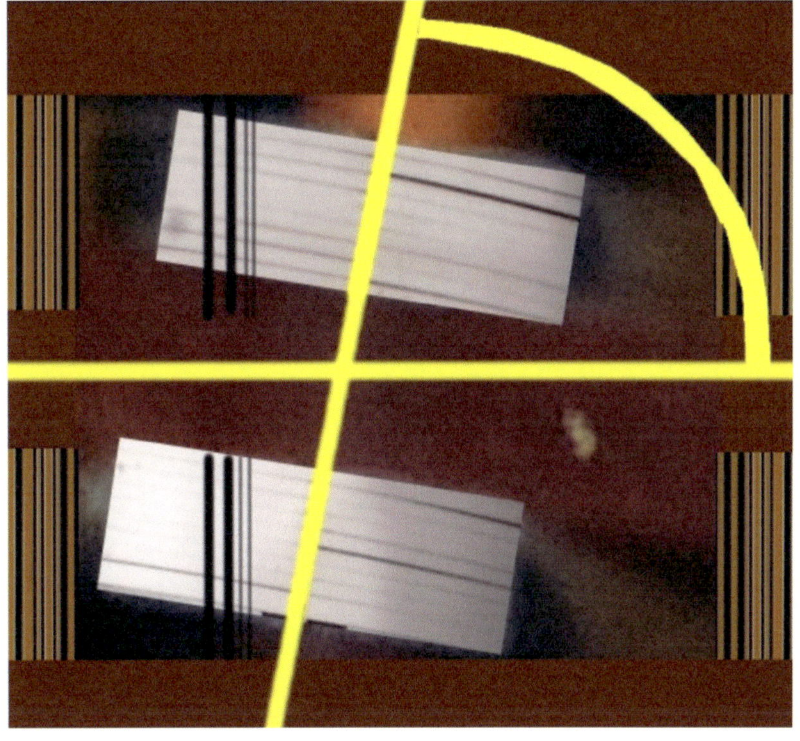

by SÜLTZ ELEKTRONIK

Nord- und Südpole werden sich aufheben, so dass am Kopfspalt kein Signal bereitgestellt wird. Dies ist die Ursache für die Tonqualitätsminderung durch den AZIMUT-Fehler.

Die Lupenfunktion reicht aber noch nicht aus, um dies genau erkennen zu können.

Verstellter Azimut

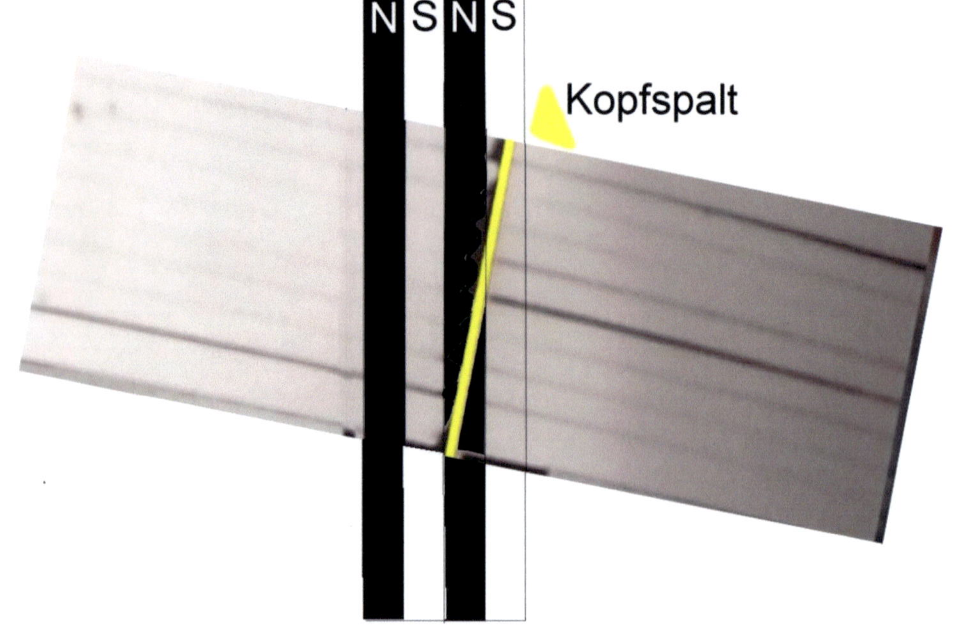

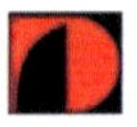

by SÜLTZ ELEKTRONIK

Jetzt ist deutlich zu erkennen, dass bei einer höheren Frequenz sich Nordpol und Südpol auslöschen. Es kommt zu Höhenverlust und weiteren Verlusten… ja, es wird sogar der Charakter der Musik zerstört! Von Musikgenuss kann nun nicht mehr gesprochen werden!

Verstellter Azimut

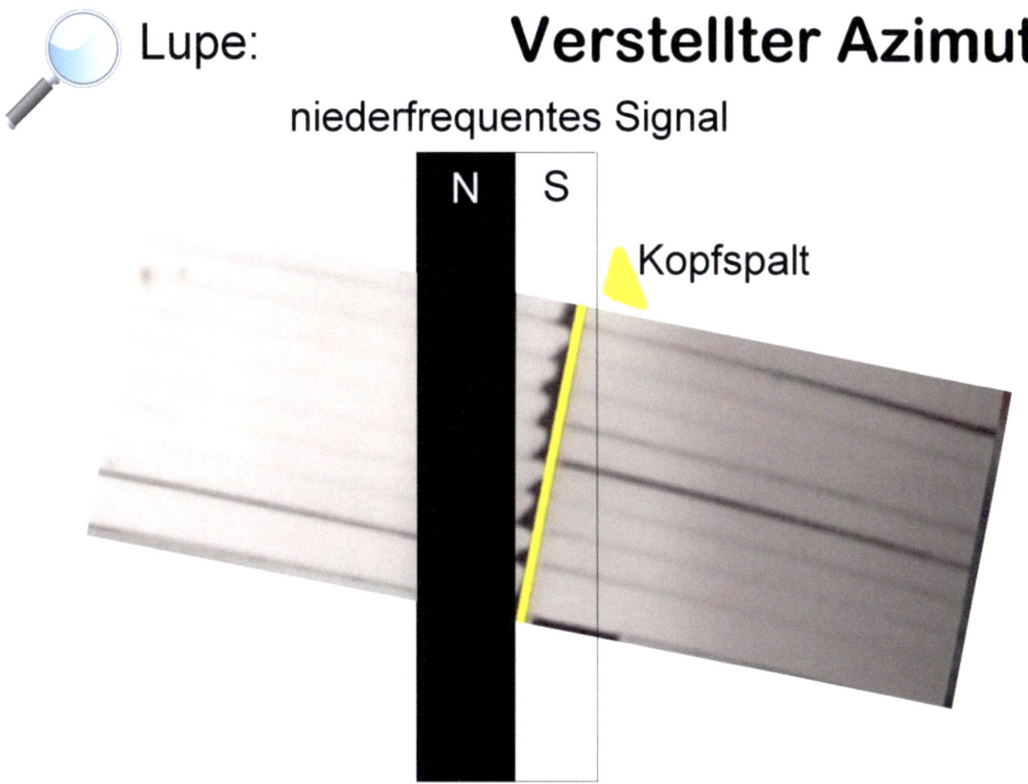

Während das Signal von tieferen Frequenzen kaum beeinflusst wird, nimmt bei höheren Frequenzen die Bedeutung des AZIMUT-Fehlers mit steigender Frequenz zu.

Deutlich ist zu sehen, dass bei der tiefen Frequenz der Südpol abgetastet wird, danach der Nordpol.

NAKAMICHI
Wiedergabekopf
Tri Tracer 1000

Da wir nun die Theorie der Lissajous-Methode verstanden haben, kommt jetzt die schnelle Einstell-Arbeit mit dem Oszilloskop. Wer kein Oszilloskop besitzt, überspringt dieses Kapitel.

Azimut (Spurfehlwinkel) des Wiedergabekopfs einstellen mit dem Oszilloskop:

Prüfung mit Azimut-Referenzkassette

Referenzkassette mehrfach umspulen, damit sich die Bandwickel auf die korrekte Bandlaufposition im Gerät einstellen können.

Referenzkassette mit Testsignal abspielen.

Ausgangssignal des rechten und linken Kanals mittels 2-Kanal-Oszilloskop im XY-Betrieb (als Lissajous Figur) darstellen.

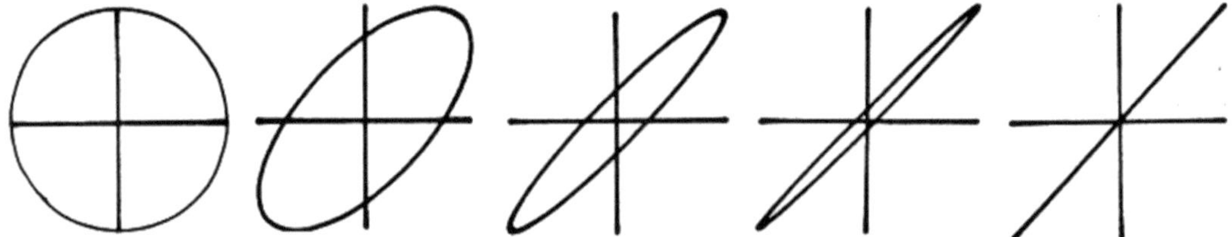

Von stark verstellt bis zum perfekt eingestellten Kopf.

Tonkopf so verstellen, dass der Pegel am stärksten ist und sich dann ein schräger Strich (von unten links nach oben rechts im Winkel von 45°) auf dem Bildschirm ergibt (Phasengleichheit der beiden Kanäle).

Nach der Einstellung die Stellschraube am Tonkopf mit Schraubensicherungslack fixieren.

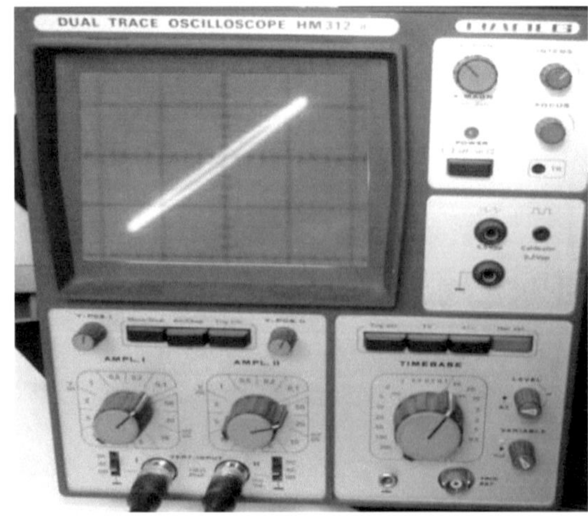

<u>**Wer nun aber kein Oszilloskop besitzt oder es nur zur Endkontrolle benutzen will, hier nun ein kleiner Service:**</u>

<u>**Reinigung und Entmagnetisierung**</u>

Den kompletten Bandpfad (alle Teile mit denen das Band in Kontakt ist) mit Tonköpfen, Capstanwelle(n) und Andruckrolle(n) reinigen.

Tonköpfe, Capstanwelle(n) und weitere metallische Teile im Bandlauf entmagnetisieren.

Die Entmagnetisierung aller metallischen Teile im Bandlauf ist deswegen dringend notwendig, damit die verwendeten Referenzkassetten nicht durch magnetisierte Teile leiden (z.B. würde Pegelverlust die Referenzkassette unbrauchbar machen).

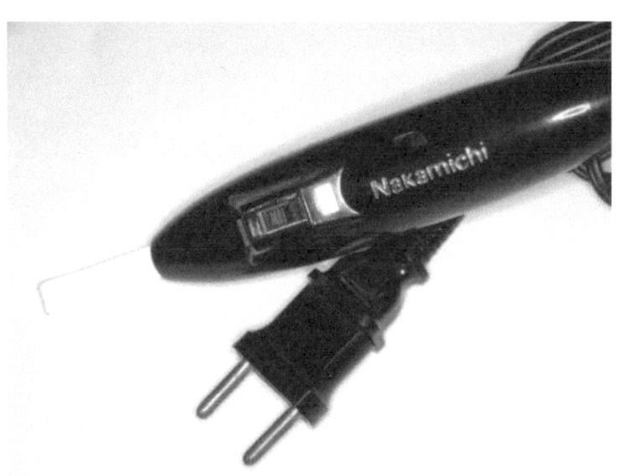

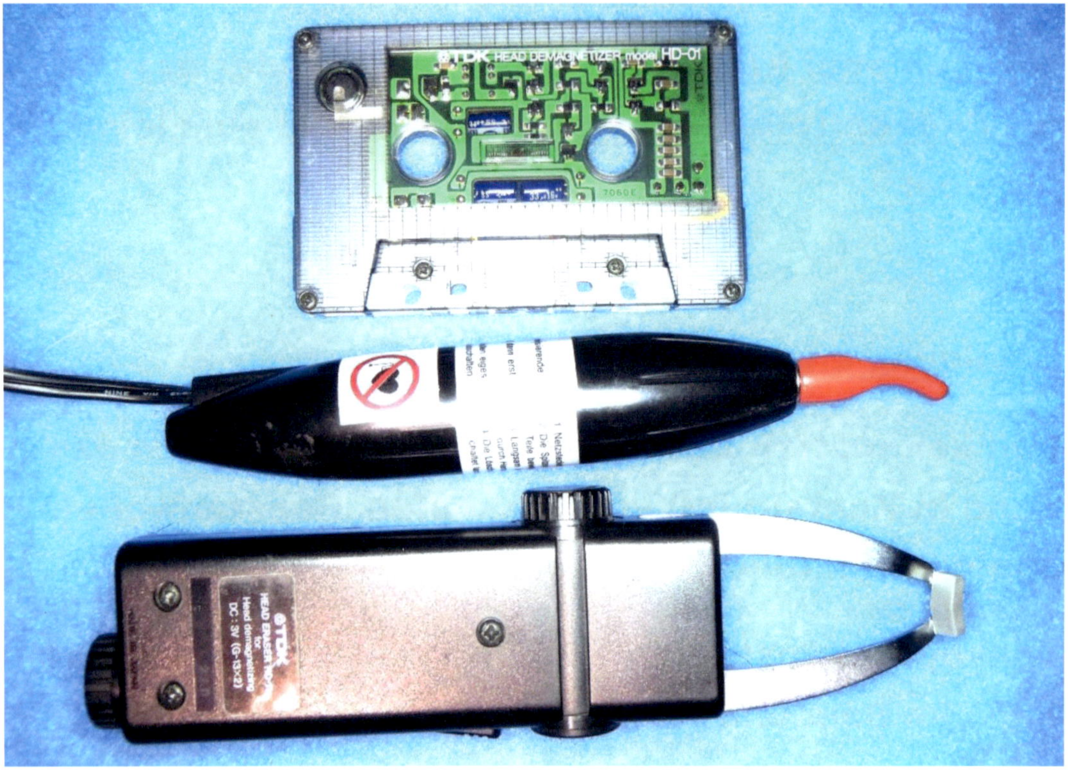

Geschwindigkeitseinstellung

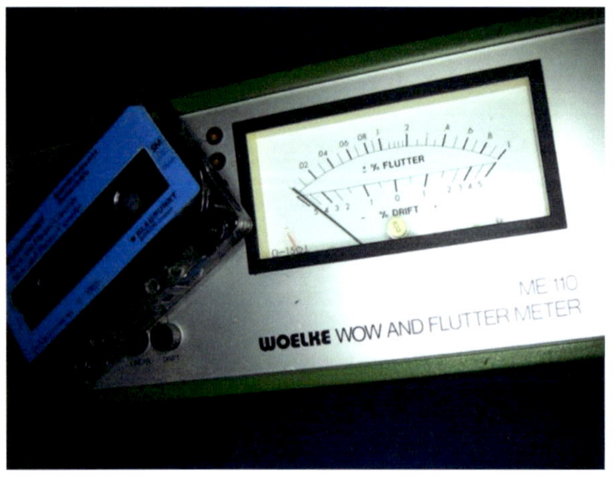

TELE FUN KEN
Cassette für Geschwindigkeit
3150 Hz 4,75 cm/s = 1'55"
-10dB
16.9.

Wollensak 3M
ALIGNMENT AID
SPEED
ACCURACY
0.1%
INS.
M-22
FLUTTER
.05%
TYPICAL
JUL 21 1982
3KHz FLUTTER TAPE
FULL TRACK 81-0086-6300-7

Messmethode mit Referenzkassette

Testkassette mehrfach umspulen, damit sich die Bandwickel auf die korrekte Bandlaufposition im Gerät einstellen können.

Testkassette (mit 3,15 kHz Testsignal oder ähnlich) abspielen.

Wiedergegebene Frequenz am Ausgang messen.

Dabei die Geschwindigkeit so einstellen, dass am Ausgang die Testfrequenz gemessen wird.

Abhörmethode mit Referenzkassette

Testkassette mehrfach umspulen, damit sich die Bandwickel auf die korrekte Bandlaufposition im Gerät einstellen können.

Testkassette (mit 3,15 kHz Testsignal oder ähnlich) abspielen.

Auf den einen Kanal eines Stereo-Kopfhörers das Signal der Testkassette geben und auf den anderen Kanal ein Referenzsignal mit gleicher Frequenz aus einem Frequenzgenerator.

Stereo-Kopfhörer mit ca. 2-3cm Abstand gegenüber halten und nahe am Ohr abhören.

Dann die Geschwindigkeit so justieren bis sich die Schwebungen auf kaum noch wahrnehmbare Abweichungen annähern.

Die abgebildete KÖNIG-Cassette erlaubt die Einstellung optisch mit Hilfe einer Lampe (keine LED).

Geschwindigkeitseinstellung mit der Stoppuhr:

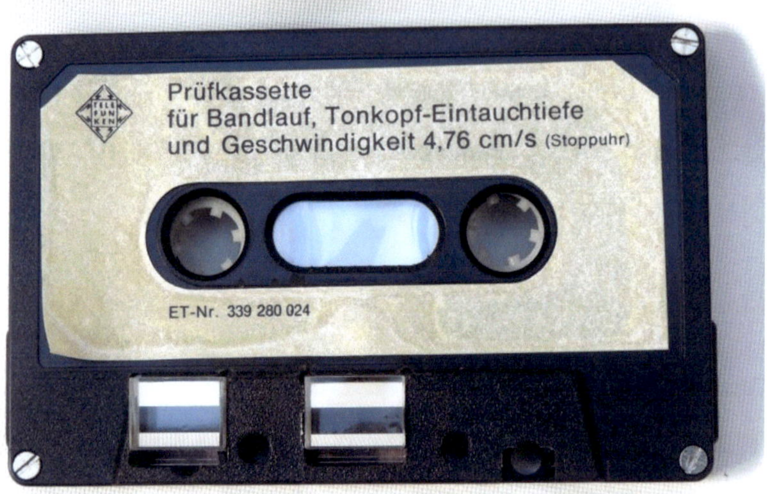

Prüfung des Bandlaufpfads

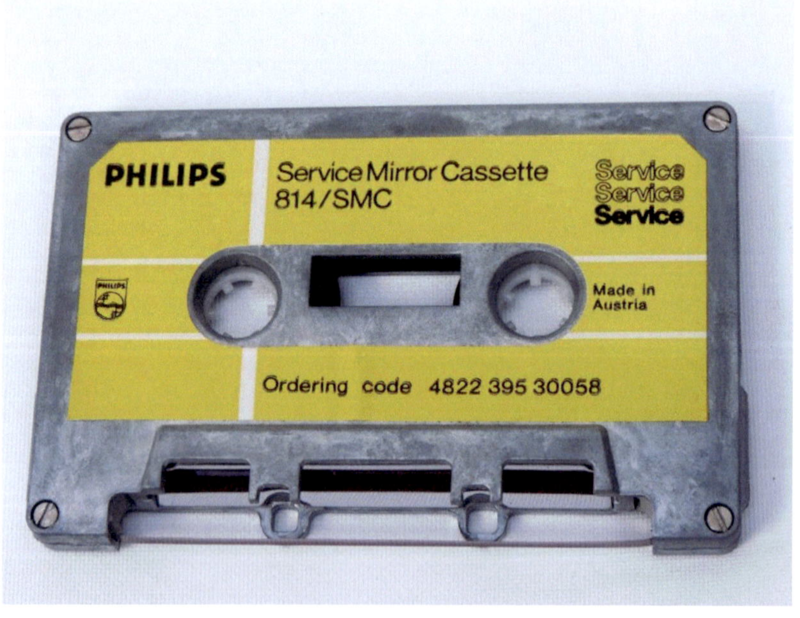

Sicht-Prüfung des gesamten Bandlaufpfads mit einer Spiegelkassette.

Der Bandverlauf und die Tonkopfeinstellung müssen höhenmäßig zueinander stimmen.

Ebenso muss das Band auch in seiner Breite mittig in den Bandführungen laufen und darf nicht seitlich an den Bandführung (Führungsgabeln) streifen.

Azimut (Spurfehlwinkel) des Wiedergabekopfs einstellen

Prüfung mit Azimut-Referenzkassette

Referenzkassette mehrfach umspulen, damit sich die Bandwickel auf die korrekte Bandlaufposition im Gerät einstellen können.

Referenzkassette einlegen und Testsignal abspielen.

Prüfung des Azimuts mit dem Millivoltmeter:

Beide Wiedergabekanäle links und rechts parallel schalten (Mono-Summe).

Referenzkassette einlegen und 12,5kHz Testsignal abspielen.

Ausgangsspannung messen.

Falls die Ausgangsspannung beim Umschalten von Stereo zu Mono-Summe stark zurückgeht, bzw. periodisch schwankt, dann muss der Azimut nachgestellt werden.

Bei Mono-Summe ist etwas weniger Ausgangsspannung tolerabel, allerdings sollte der Wert zu den jeweils einzelnen Spannungen des linken und rechten Kanals gleich sein.

Grobabgleich

Wenn nicht sicher ist, ob der Azimut nicht eventuell kräftig verstellt wurde, dann empfiehlt sich zunächst ein Grobabgleich mit einem Signal von 1kHz (-20dB), um dann erst anschließend auf die höheren Frequenzen überzugehen.

Das kann deswegen nützlich sein, um nicht auf ein sogenanntes "Nebenmaximum" abzugleichen, an dem zwar ein Spannungsmaximum festzustellen ist, welches aber nicht das Maximum im Sinne "des

**absolut höchsten zu erreichenden Spannungswerts"
ist.**

**Den Azimut so lange verstellen und eintaumeln, bis
sich nach VU Anzeige (bzw. Ausgangsspannung) ein
absolutes Maximum für beide Kanäle ergibt.**

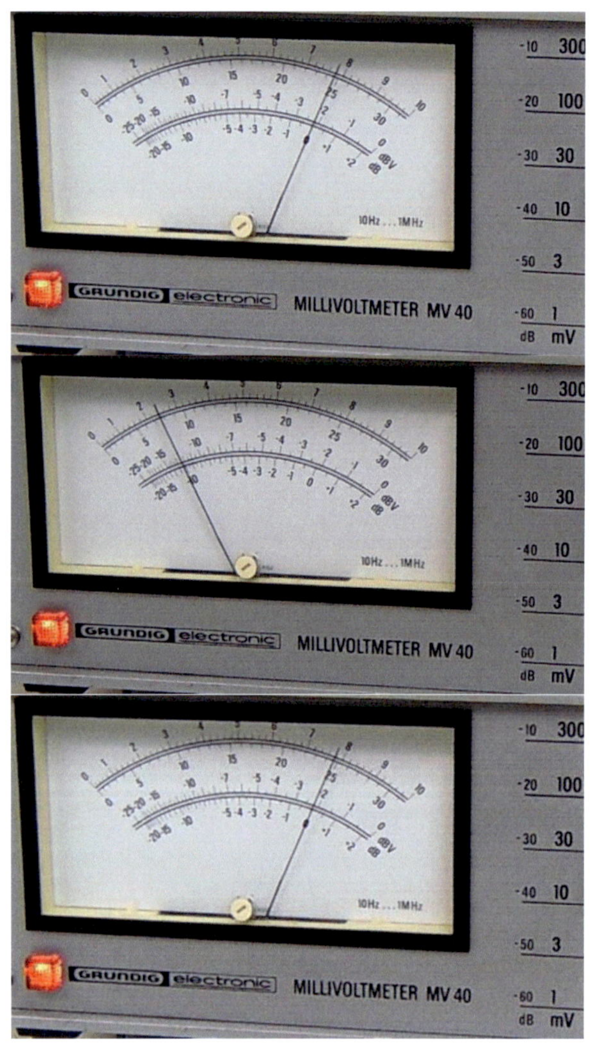

Feinabgleich mit Lissajous-Darstellung am Oszilloskop

Für die Einstellung ist das 12,5kHz Signal oder höher am Wichtigsten. Dennoch sollte man mit 8 - 10kHz oder tiefer beginnen. Abgleich dann auf jeden Fall mit 12,5kHz Signal und zur Kontrolle ggf. auch mit höheren Frequenzen (z.B. 14/15kHz, eventuell auch mit 6,3kHz) von der Referenzkassette wiederholen.

Bei korrekter Einstellung ist im X-Y Betrieb des Oszilloskops ein Strich zu sehen der von Links unten nach rechts oben geht. Bei erhöhten Gleichlaufschwankungen entstehen Phasendrehungen (Dual-Capstan) erkennbar an dem sich öffnenden Strich bis hin zu einer Kreisbildung = 90°. Eine Mirror Kassette (Spiegelkassette) dient dann nur noch zur Kontrolle der Bandführung.

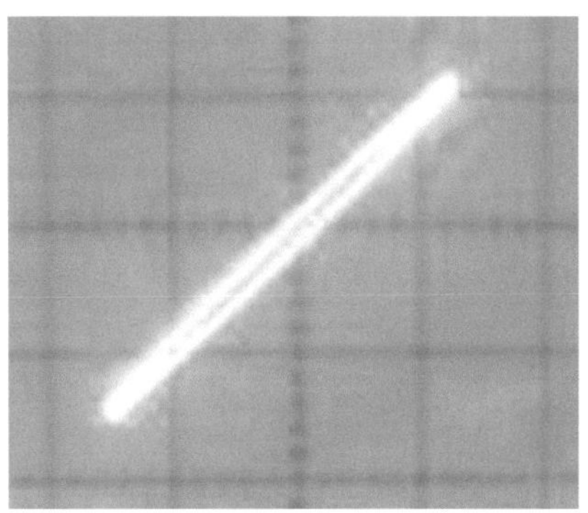

Alternative Einstellmethode

Ggf. kann man als Referenzkassette auch eine gute bespielte Fertigkassette (z.B. von PHILIPS)

verwenden, da diese meist mit exakter Spurlage bespielt sind (nach DIN aufgenommen).

Kassette mehrfach umspulen, damit sich die Bandwickel auf die korrekte Bandlaufposition im Gerät einstellen können.

Diese Kassette nun auf dem einzustellenden Gerät abspielen und während der Wiedergabe (am besten per Kopfhörer) auf optimale Wiedergabe einstellen.

Hierzu sollten die beiden Ausgabekanäle parallel geschaltet werden um ein Mono-Summensignal zu bilden. Dort löschen sich, bei zueinander abweichender Phasenlage der Signale (bevorzugt die höheren Frequenzen), diese Passagen verringern sich in ihrer wiedergegebenen Lautstärke.

Zur Bildung des Mono-Summensignals kann ein handelsüblicher Y-Adapter verwendet werden, der beide Line-Out-Kanäle zusammenschließt. Daran (via Chinch-Kupplung) ein weiteres Y-Kabel, entgegengesetzt anschließen und die beiden Abgänge an einen Verstärker anschließen.

Monosignal via Stereoverstärker über Kopfhörer wiedergeben.

Bei Geräten mit getrennten Aufnahme- und Wiedergabekopf wird zunächst wie beschrieben der Wiedergabekopf justiert. Die Justierung des Aufnahmekopfes erfolgt dann über die sogenannte Hinterbandkontrolle, mit der man das aufgenommene Signal sofort hören kann.

Auch nach dieser Methode funktionieren Azimut-Cassetten mit 1000 Hz, 6000 Hz und höher, je nachdem wie gut das eigene Gehör ist.

Kippneigung des Wiedergabekopfs einstellen

Unter Kippneigung versteht man die Parallelstellung von Kopfspiegel und Bandebene.

Einstellung mit der Einstellehre

Zur wirklich korrekten Einstellung der Kippneigung bräuchte es entsprechende Referenzflächen und entsprechende (herstellerspezifische) Spezialwerkzeuge.

Diese Spezialwerkzeuge werden auf die gegebene Referenzfläche aufgelegt und besitzen Peilkanten, mit deren Hilfe die Parallelität von Kopfspiegel und Kante des Peilwerkszeugs optisch ermittelt werden kann.

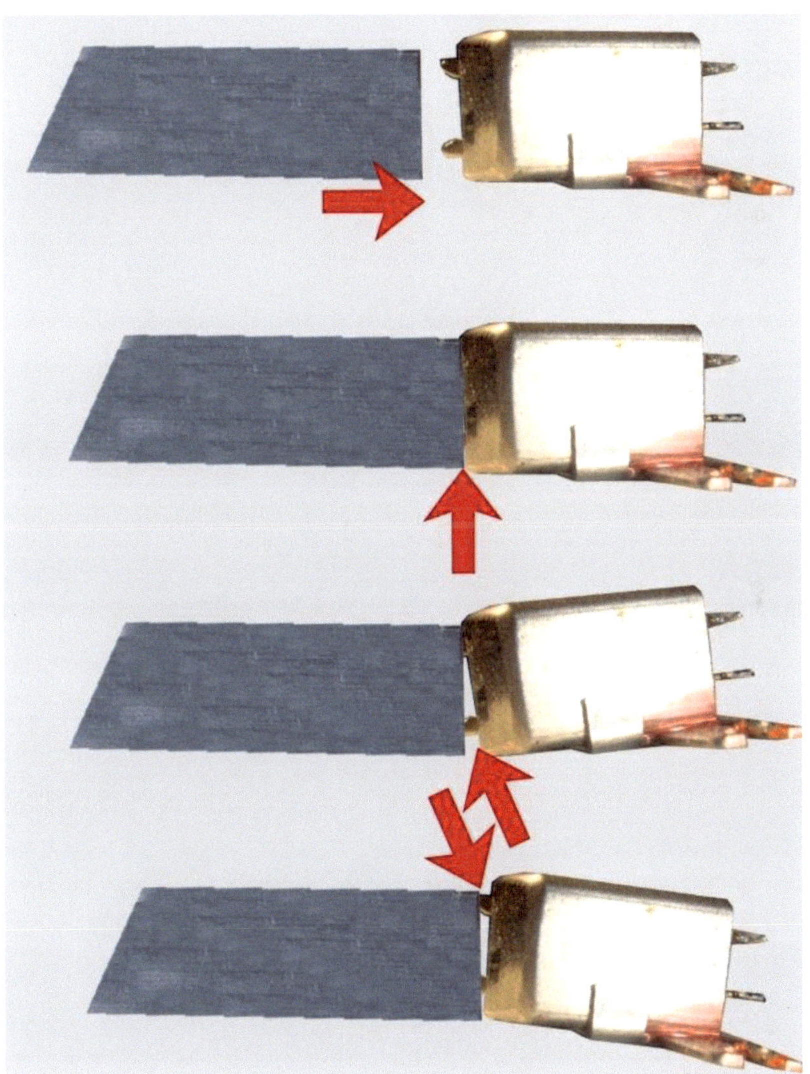

QZZ0207
EH
R/PH
MAX
MIN
MAX
MIN
L dB R
10
7
5
3
0
5
10
20
30
40
L dB R

Wollensak 3M
MAX
MIN
MAX
MIN

Bandzug messen:

Ein Band kann auf verschiedene Möglichkeiten zerstört werden. Etwa durch eine abgenutzte Andruckrolle, auch stark verschmutzt, oder wenn sie unrund wird. Das Band läuft aus der Spur und bördelt oder verwickelt sich. Eine abgenutzte Rutschkopplung kann zu Bandsalat führen. Zwischen der Rutschkupplung und der Andruckrolle müssen die Kräfte stimmen. Eingestellt und kontrolliert wird der Bandzug mit der Bandzug-Mess-Cassette.

Das optimale Drehmoment der Aufwickelfriktion liegt bei größer 30 g/cm und kleiner 50 g/cm.

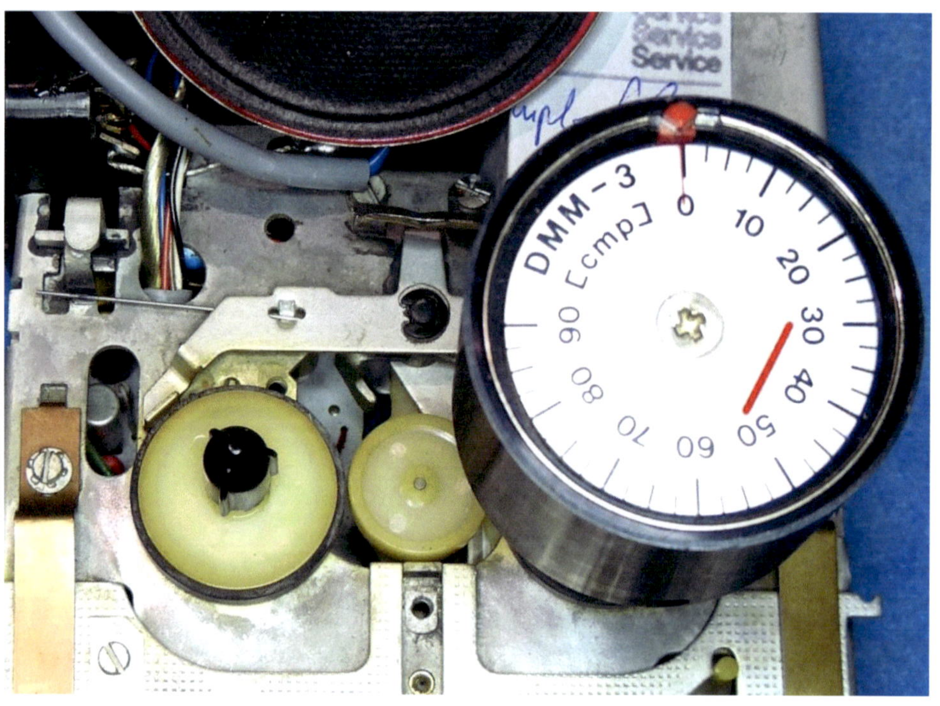

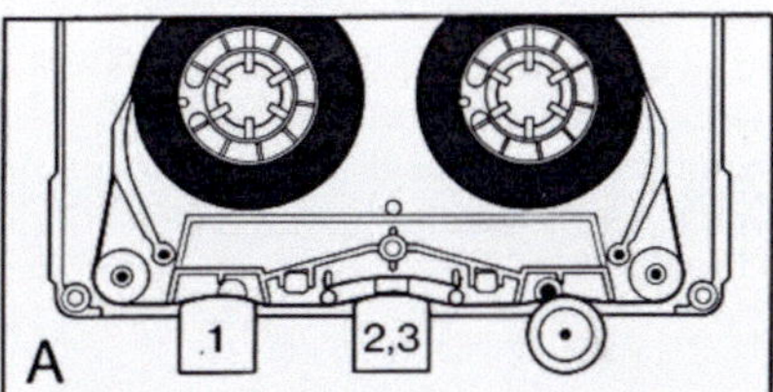

1. Die Auswirkungen einer fehlerhaften Tonkopfjustage (Azimutfehler) auf den verschiedenen Recordertypen

A. Bei Kombikopf-Recordern

1 = Löschkopf, 2 = Aufnahmetonkopf, 3 = Wiedergabetonkopf.

Da beim Kombikopf-Recorder A Aufnahme- und Wiedergabekopfspalt identisch sind, kann „intern" kein Azimutfehler auftreten. Das heißt: Eigenaufnahmen, die mit einem Fehlwinkel aufgenommen wurden, werden mit der gleichen Abweichung auch wieder abgespielt, so daß der relative Fehler gleich Null ist. Zu den für eine Dejustage typischen

3

1. Auflage 1987

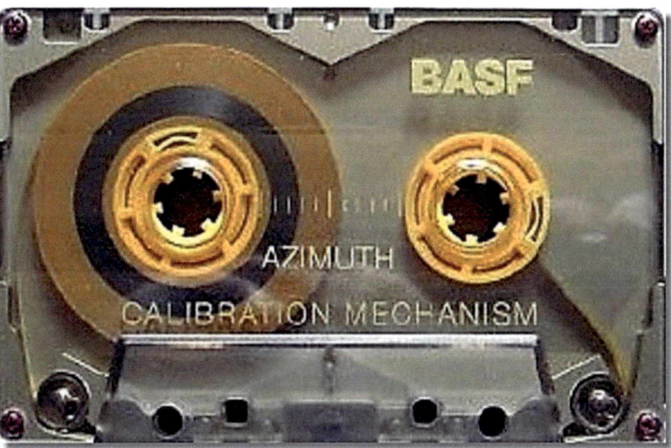

Hochtonverlusten kommt es nur beim Austausch von bespielten Cassetten. Vorbespielte Musikcassetten klingen auf dem dejustierten Recorder A zu dumpf. Ebenso leiden auf Recorder A gemachte Aufnahmen unter Höhenmangel, wenn sie auf einem normgerecht eingestellten Deck wiedergegeben werden.

Achtung: Die Korrektur eines vorhandenen Azimutfehlers führt zu normgerechten Neuaufnahmen, bewirkt aber beim Abspielen der fehlerhaften Altaufnahmen Höhenverluste.
Bei einem großen Archiv mit selbstbespielten Cassetten muß sich der Besitzer über die Folgen einer Justage im Klaren sein und sie eventuell nur dann durchführen, wenn er ohnehin beabsichtigt, seinen Bestand an alten Aufnahmen zu löschen und diese Bänder neu zu bespielen.

B. Bei Dreikopf-Recordern

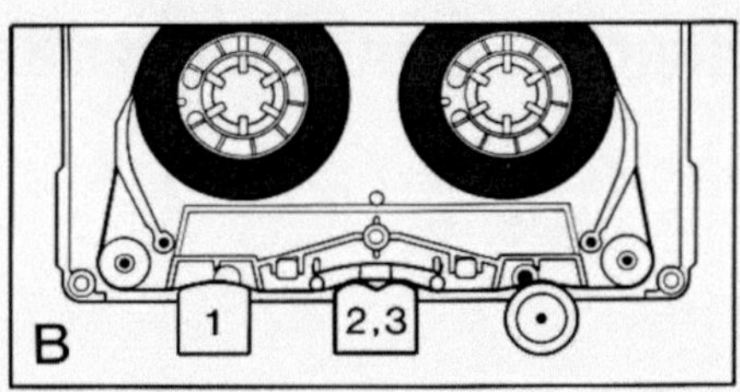

Bei Dreikopf-Recordern, also bei Geräten mit getrennten Aufnahme- und Wiedergabeköpfen, gibt es verschiedene Varianten. So sind zum Beispiel bei Recordertyp B die beiden Kopfsysteme fest miteinander verbunden, so daß sich das System hinsichtlich Azimut wie ein Kombikopf verhält: Für beide Systeme gibt es nur eine gemeinsame Justageschraube, und interne Azimutfehler sind, saubere Arbeit des Herstellers vorausgesetzt, ausgeschlossen.

Anders sieht es hingegen bei Recordertyp C und D aus. Hier sind die Tonkopfspalte für Aufnahme und Wiedergabe getrennt justierbar, so daß eine Vielzahl von Azimutfehlern auftreten kann.

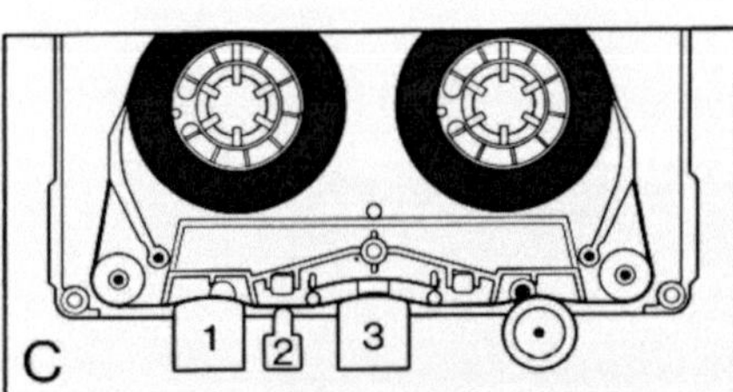

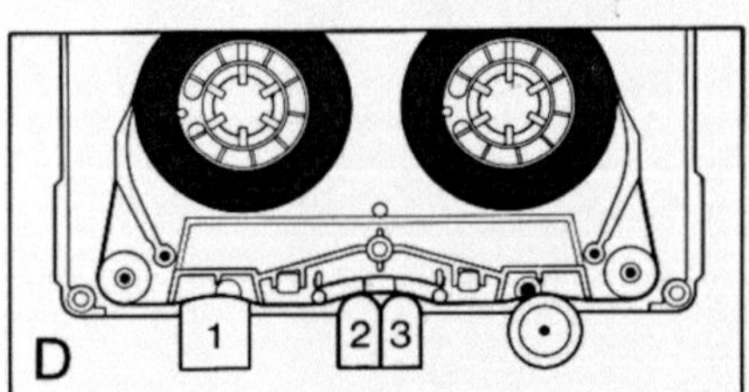

Aus der folgenden Tabelle ist ersichtlich, wie sich die verschiedenen Dejustagen bei unterschiedlichen Einsatzbedingungen auswirken:

Justage		Resultierendes Klangbild		
Aufnahme-Kopf	Wiedergabe Kopf	Eigenaufnahmen	Wiederg. Fremdaufnahmen	Eigenaufn. auf Fremdrec.
+	+	+	+	+
+	−	−	−	+
−	+	−	+	−
−	−	−/+[1]	−	−

+ = Justage bzw. Klang in Ordnung
− = Justage bzw. Klang schlecht
1) = Wenn beide Kopfspalte den gleichen Fehlwinkel aufweisen, tritt kein Höhenverlust auf.

2. Die Justage des Wiedergabekopfes mit der BASF Rauschcassette

Bei der BASF Rauschcassette handelt es sich um ein „Werkzeug", das die Möglichkeit bietet, die Azimutjustage ohne Meßgeräte, nur durch gehörmäßige Beurteilung, durchzuführen. Das vollspurig mit Rauschen bespielte Justageband basiert auf folgendem physikalischen Prinzip:
Eine Magnetaufzeichnung besteht immer aus positiven und negativen Magnetfeldern. Durch die Vollspuraufzeichnung ist sichergestellt, daß bei der Wiedergabe im rechten und linken Kanal des Cassettendecks zum gleichen Zeitpunkt immer die gleichen — entweder positiven oder negativen — Informationen anliegen. Das heißt: bei der Wiedergabe bleibt das Klangbild der Aufzeichnung immer gleich, egal ob in der Betriebsart Stereo oder Mono abgehört wird — vorausgesetzt, der Tonkopf des Recorders ist normgerecht justiert.

Nun zur Justage:
Nachdem man die Tonköpfe und Bandführungselemente des Recorders gründlich gereinigt hat, schließt man das Gerät an einen monoschaltbaren Verstärker an oder man benutzt einen Kopfhörer mit Mono-/Stereo-Umschaltung. Damit das Band optimal in der Mitte der Bandführungselemente liegt, spult man die Testcassette einmal ganz vor und zurück. Danach spielt man das Rauschen, um die gehörmäßige Beurteilung zu erleichtern, ohne DOLBY® und — wenn möglich — mit der Entzerrung 120 µs ab und dreht den Höhenregler am Verstärker auf „Maximal".

Wenn man bei der Wiedergabe zwischen Stereo und Mono umschaltet, verändert sich das Rauschspektrum nicht, wenn der Wiedergabekopf des Recorders optimal justiert ist. Liegt allerdings ein Azimutfehler vor, kommt es bei der Monowiedergabe zu Auslöschungseffekten, die zu einem

® = eingetr. Warenzeichen der Dolby Laboratories

klaren Höhenverlust führen. In diesem Fall verdreht man die Azimutschraube, dies ist meistens die mit einer Feder unterlegte Schraube rechts neben dem Wiedergabekopf, bis die Höhenwiedergabe bei Mono ein Maximum erreicht. Damit ist dann auch der Klangunterschied zwischen Mono und Stereo egalisiert, und der Azimutwinkel beträgt wieder genau 90 Grad.
Während bei Kombikopfgeräten und auch bei Dreikopfgeräten des Typs B die Tonkopfjustage damit abgeschlossen ist (die Schraube sollte nur noch mit etwas Sicherungslack versiegelt werden), muß bei Recordern des C und D Typs noch der Azimut des Aufnahmekopfes justiert werden.

3. Die Justage des Aufnahmekopfes

Durch die Justage des Aufnahmekopfes wird sichergestellt, daß die beiden Kopfspalte genau parallel zueinander stehen und somit keine internen Azimutfehler auftreten können.
Genau wie bei der Wiedergabekopfjustage verwenden wir für die gehörmäßige Kon-

trolle ein Rauschsignal, welches wir jetzt aber nicht wiedergeben, sondern aufnehmen müssen. Als „Rauschgenerator" eignet sich jeder Tuner, wenn man die Antenne herauszieht und einen Bereich einstellt, der nicht mit Sendern belegt ist. Dieses Tunerrauschen nimmt man mit einem Aufnahmepegel von −15 ... 20 dB auf und hört die Aufnahme direkt „Hinterband" mit. Wenn man am Verstärker jetzt zwischen Mono und Stereo umschaltet darf sich, wie bei der Wiedergabekopfjustage, keine Klangveränderung ergeben; andernfalls muß die Azimutschraube des Aufnahmekopfes so verdreht werden, daß die Höhenwiedergabe bei Mono ihr Maximum erreicht.

Wichtig: Für die Kopfjustage ist einzig und allein der Klangunterschied zwischen Mono und Stereo ausschlaggebend. Ein eventueller Unterschied zwischen Vor- und Hinterband gibt lediglich Aufschluß über die Qualität der Einmessung (Vormagnetisierung) des Recorders.

Kommen wir nun zu einem technischen Highlight, zu schade, um nur MusiCassetten zu hören... dem DRAGON:

Dragon

Ein weiterer Meilenstein in der Nakamichi-Cassettentechnologie:
die automatische Azimutheinstellung während der Wiedergabe. Doppel-Capstan-Antrieb mit zwei Direct-Drive-Motoren sichert excellente Gleichlaufwerte auch im AutoReverse-Betrieb.

Dragon AutoReverse Cassettendeck.
Die exakte Azimutheinstellung ist von eminenter Bedeutung für die Wiedergabequalität. In vielen Nakamichi-Decks wurde eine aufnahmeseitige Azimutheinstellung verwirklicht. Ideal ist jedoch die wiedergabeseitige Korrektur des Azimuths. Denn nur so können Azimuthfehler bei Fremdaufnahmen oder durch Gehäusetoleranzen erfolgreich beseitigt werden. Und nur die kontinuierliche Korrektur erfaßt auch die Azimuthfehler durch das Bandmaterial. Das Nakamichi-NAAC-(Nakamichi Auto Azimuth Correction)System korrigiert kontinuierlich bei der Wiedergabe den Azimuthfehler. In Verbindung mit den vielfältigen Einmeßmöglichkeiten und dem excellenten Dual-Capstan-Antrieb mit zwei Direct-Drive-Motoren wird so – auch im AutoReverse-Betrieb – eine dem höchsten Standard entsprechende Qualität erreicht.

Dies ist auch der Grund, warum der Dragon von vielen international anerkannten HiFi-Zeitschriften zum Referenzdeck gewählt wurde und diese Spitzenposition bis zum heutigen Tag beibehalten hat.

Testbericht: Stereoplay 3/83, Referenzgerät
HiFi-Vision 9/85, Referenzklasse
Audio 6/86, Referenzklasse

Beispielhaft:
Das neue Nakamichi Prinzip der perfekten Wiedergabe.

Die Bedeutung der optimalen Azimuth Correction.

Nakamichi hatte bereits ein System entwickelt, das den exakten Azimuth des Aufnahmekopfes vor jeder Aufnahme gewährleistet.

Aber trotz der Vorbildlichkeit dieses Systems war es nicht in der Lage, Azimuthfehler bei Bändern zu korrigieren, die mit anderen Geräten aufgenommen wurden. Die exakte Azimuth-Einstellung auch beim Wiedergabekopf ist aber unerläßlich für eine hochwertige Wiedergabequalität: Denn eine Abweichung der relativen Spaltlage vom Aufnahme- zum Wiedergabekopf von 1/15° (0,01%) verschlechtert die Höhenwiedergabe bei 10 kHz um 1 dB und bei 20 kHz sogar um 4 dB. Bei einem Azimuthfehler von 2/15° ist eine Wiedergabe von 20 kHz-Signalen nicht mehr möglich. Fehler dieser Größenordnung entstehen bereits durch Bandführungstoleranzen in jeder Cassette, durch Abmessungsfehler des Cassettengehäuses oder durch eine ungenaue Kopf-Justage.

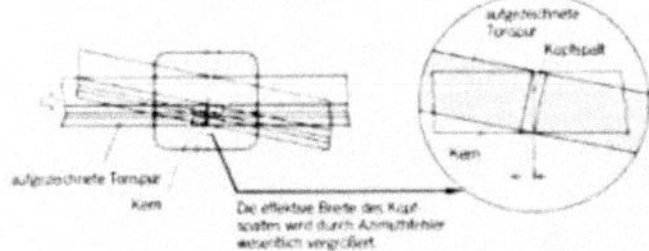

Das Resultat: Die Musik klingt dumpf und ausdruckslos, es fehlt jene Sauberkeit und Frische, die ihr erst Lebendigkeit verleiht, selbst wenn bei der Aufnahme noch das gesamte Frequenzspektrum aufgezeichnet wurde.

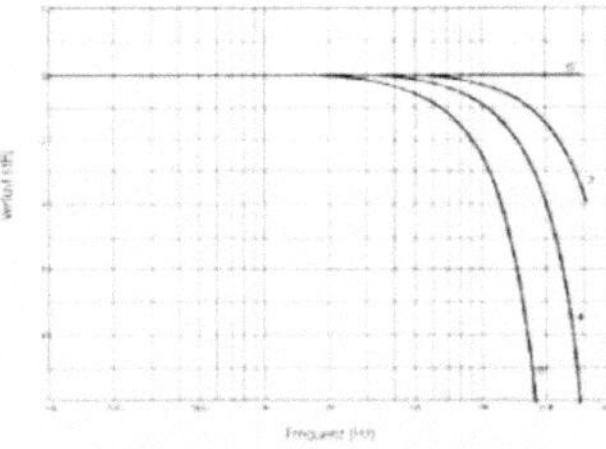

Durch Azimuthfehler verursachte Verschlechterung des Frequenzgangs im Hochtonbereich.

N.A.A.C.:
Maximale Wiedergabequalität von jeder Cassette.

Die Nakamichi Auto Azimuth Correction (N.A.A.C.) ermöglicht zum erstenmal die wiedergabeseitige Azimuth-Korrektur. Azimuthfehler, die beim Abspielen gekaufter Cassetten oder bei Fremdaufnahmen, bei Bandführungstoleranzen oder bei Abmessungsfehlern auftreten, werden automatisch korrigiert. Das N.A.A.C.-System arbeitet kontinuierlich, so daß jederzeit eine maximale Wiedergabequalität gewährleistet ist.

Die neue Nakamichi-Kopfgeneration im Dragon.

Die Wiedergabe-Azimuth-Korrektur erfordert eine neue Generation von Tonköpfen. Anstelle von je einem Kopfsegment pro Kanal treten 2 Segmente.

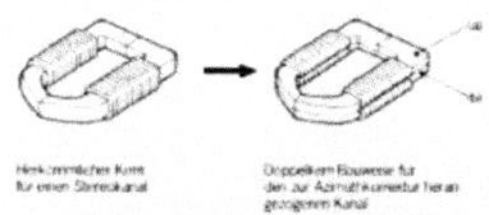

Wenn der Wiedergabe-Azimuth korrekt ist, sind die Ausgangs-Signale in beiden Segmenten phasengleich. Besteht jedoch eine Abweichung in der Phase, so ist die Azimuth-Einstellung nicht korrekt.

Die untere Abbildung zeigt die Arbeitsweise des N.A.A.C.-Systems. Die von den Halbspurköpfen wiedergegebenen Musiksignale werden in Rechtecksignale verwandelt und miteinander verglichen. Treten Abweichungen in der Phase auf, so wird über einen Servo-Schaltkreis per Motor die Lage des Wiedergabekopfes so lange geändert, bis die Phasenlage gleich ist. Damit ist zum erstenmal eine kontinuierliche Azimuth-Kontrolle möglich.

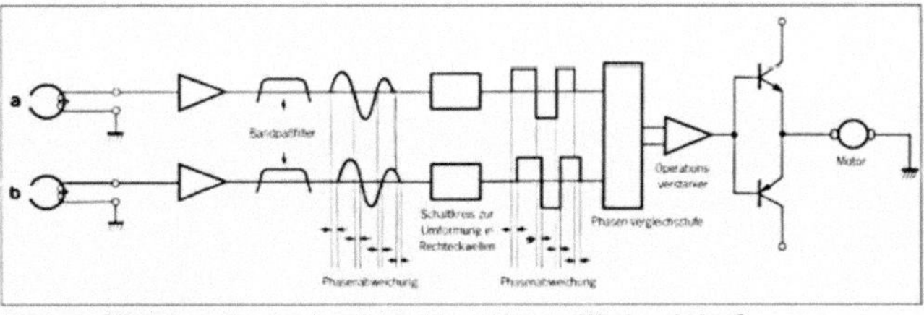

Blockschaltbild der automatischen Azimuthkorrektur des Wiedergabekopfes

This is Nakamichi.

Wie werden Musik-Signale auf dem Tonband aufgezeichnet?

Erst die Qualität der Summe aller Detaillösungen macht den Unterschied zum Massenprodukt aus. Nakamichi war und wird nie ein Massenprodukt sein.

Der hervorragende Name Nakamichi ist seit über einem Jahrzehnt weltweit ein Synonym für außergewöhnliche Detail-Innovationen, die nur dem einen Ziel dienen: kompromißlos dem Musik-Enthusiasten das Beste zu bieten, was heute technisch realisierbar ist.

Dem Thema der Bedeutung dieser Detaillösungen ist diese Information gewidmet. Sie behandelt das Hauptproblem heutiger Auto Reverse Cassettenrecorder und unsere Lösung durch das System der Nakamichi Auto Azimuth Correction.

Das wiedergabeseitig arbeitende vollautomatische Azimuth-Korrektur-System „NAAC" ermöglicht die höchste Qualität der Tonbandwiedergabe. Nakamichi ist mit dieser Entwicklung wieder ein sensationeller Durchbruch bestehender technischer Grenzen gelungen.

Gerade bei Cassettenrecordern mit Auto Reverse-Funktion, stellt man häufig bei der Laufrichtungsumkehr fest, daß plötzlich der Musik die Brillanz und die Höhen fehlen, was zu einer dumpfen und leblosen Klangreproduktion führt. Die Ursache dieses Phänomens ist der sogenannte Azimuthfehler. Da über die Ursachen und Auswirkungen dieses Azimuthfehlers in der Öffentlichkeit sehr wenig bekannt ist, möchte Nakamichi einige Hintergrundinformationen zu diesem Thema geben.

Die Lösung des Problems fängt mit dieser Fragestellung an.

Ein Azimuthfehler tritt dann auf, wenn beim Abspielen der Musik der relative Winkel des Wiedergabekopfes ungleich dem Winkel des Aufnahmekopfes ist, mit dem die Musik vorher aufgezeichnet wurde. Diese Aussage ist sicherlich etwas schwer verständlich. Wir haben deshalb mit einer von uns entwickelten Methode, die der Sichtbarmachung von Magnetfeldern dient, Musikinformationen, wie sie auf dem Tonband aufgezeichnet sind, optisch dargestellt. Diese „optische Musikinformation" sieht den Codezeichen, wie sie von Lebensmittelverpackungen her bekannt sind, ähnlich.

Das obere Bild stellt einen Geigenton im linken Kanal aus dem Werk „Die vier Jahreszeiten" von Antonio Vivaldi dar; das untere Bild ist ein sichtbar gemachter 400 Hz Kalibrierton, der für die Dolby-Justage benötigt wird. Die schwarzen Streifen stellen den magnetischen Nordpol und die weißen Streifen den magnetischen Südpol dar. Der Wiedergabekopf, der diese Streifen nacheinander abtastet, wandelt diese wechselnden Nord-Süd Magnetinformationen in ein elektrisches Signal um. Das erheblich kompliziertere Bild beim Geigenton läßt sich dadurch erklären, daß im Geigenton zahlreiche Obertöne enthalten sind. Diese Obertöne, die bis über 20 kHz reichen können, geben dem Geigenton seine spezifische Klangfarbe. Da die Breite eines dieser Streifen bei 20 kHz dem 1/50 der Streifenbreite bei 400 Hz entspricht, liegt die berechnete minimale Streifenbreite bei 1µ. Der hochwertige Crystalloy-Wiedergabekopf von Nakamichi mit einer Spaltbreite von 0,6µ ist somit ohne weiteres in der Lage, die Nord- und Südpole auch bei 20 kHz noch getrennt zu erkennen. Was geschieht nun, wenn der Spalt des Wiedergabekopfes geringfügig schräg zu den aufgenommenen Streifen liegt – also wenn ein Azimuthfehler auftritt? Zur Erläuterung dieses Sachverhaltes dient die nachstehende Zeichnung.

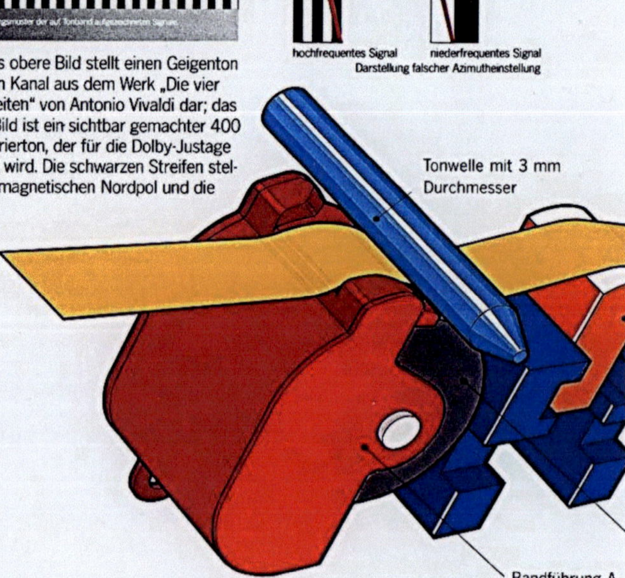

Bei den hohen Tönen, die in dem Bild durch schmale Streifen dargestellt sind, ist die Gefahr sehr groß, daß ein geringfügig schräg stehender Kopfspalt einen schwarzen und einen weißen Streifen gleichzeitig erfaßt. In diesem Fall hebt sich, durch das gleichzeitige Vorhandensein eines Nord- und Südpoles am Wiedergabekopfspalt, das Signal selbst auf und der Wiedergabekopf wird kein Signal mehr erzeugen. Dies ist die Ursache der Tonqualitätsminderung durch den Azimuthfehler.

Während das Signal von tiefen Frequenzen durch einen geringfügigen Azimuthfehler kaum beeinflußt wird, nimmt jedoch bei hohen Tönen die Bedeutung des Azimuthfehlers mit steigender Frequenz zu. Hohe Frequenzen sind meist die Obertöne eines Grundtons. Wie bereits gesagt, bestimmen ausschließlich die Obertöne die Klangfarbe eines Musikinstrumentes. In den Obertönen liegt der Unterschied zwischen einer Schülergeige und einer Stradivari! Mit anderen Worten kann ein Azimuthfehler den substantiellen, entscheidenden Charakter eines musikalischen Erlebnisses zunichte machen. Wir glauben, daß wir Ihnen mit diesen Ausführungen deutlich machen konnten, von welch hoher Bedeutung die korrekte Azimutheinstellung für wirklich perfekte Klangreproduktion ist.

Nach der Betrachtung der Auswirkungen des Azimuthfehlers bei der Wiedergabe, soll nun geklärt werden, wie es zu diesem Azimuthfehler bei Auto Reverse Cassettenrecordern kommt. Obwohl heutige Cassettenrecorder und auch die Cassetten selbst äußerst präzise hergestellt werden, liegt das Problem überwiegend beim Bandtransport. Das Tonband der Cassette mit einer Breite von 3,81 mm und einer Bandstärke von nur 12μ (bei C90 Normband) wird beim Transport, während es an den Bandführungen der Tonwelle und -Köpfen vorbeiläuft, diversen unberechenbaren Kräften und Reibungen ausgesetzt. Dies hat zur Folge, daß wenn der Azimuth für eine Bandlaufrichtung richtig eingestellt wurde, er in der entgegengesetzten Laufrichtung völlig falsch liegen kann. Zur Beseitigung dieses Problems mußte deshalb eine Lösung gefunden werden, die sicherstellt, daß beim Vor- und Rücklauf die gleichen Kräfte auf das Band einwirken. Die Lösung ist ein völlig neu konzipiertes Bandlaufwerk, das erstmals in unserem Recorder DRAGON mit Auto Reverse-Funktion zum Einsatz kommt. Dieses Laufwerk hat 2 quarzgeregelte Direktantriebsmotoren mit extrem konstantem Drehmoment. Diese Motoren treiben direkt die Tonwellen an und sorgen so in jeder Laufrichtung für

einen absolut stabilen Gleichlauf. Der Aufbau und die Wirkungsweise dieser neuen Motoren würde viele Seiten einer technischen Publikation füllen, weshalb wir hier nicht näher darauf eingehen wollen.

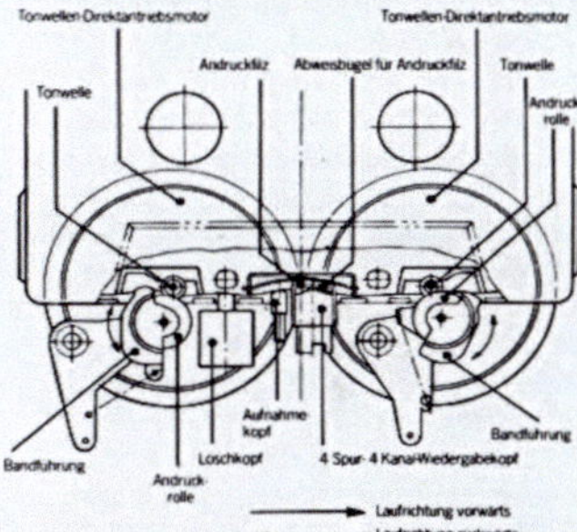

Resonanzkompensierendes Doppelcapstan-Laufwerk

Durch die Wahl unterschiedlicher Durchmesser der Tonwellen werden Resonanzen, die beim Drehen gleich großer Massen auftreten, verhindert. Ferner dreht sich die Tonwelle auf der Band-Vorratsssseite um 0,2% langsamer als die Tonwelle auf der Aufwickelseite. Diese quarzgesteuerte unterschiedliche Drehgeschwindigkeit sorgt dafür, daß das Tonband zwischen den Tonwellen immer optimal straff gespannt ist. Somit ist eine exakte Bandführung in beiden Laufrichtungen möglich.

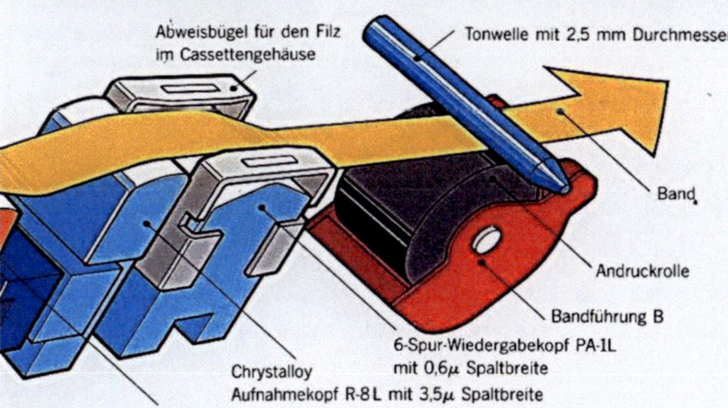

Mikromechanik im DRAGON; die Bandführungen.

Probleme finden bei Nakamichi ihre Lösungen.

Wenden wir uns nun den Bandführungen zu, denen zu Unrecht meistens viel zu wenig Aufmerksamkeit geschenkt wird. Doch auch in diesen Bandführungen steckt das ganze Nakamichi Know-How der vergangenen Jahrzehnte. Entgegen anderen Cassettenrecordern sind beim DRAGON die Bandführungen außerhalb der Tonwellen angebracht. Dies bewirkt, daß beim Bandtransport zwischen den beiden Tonwellen keine zusätzlichen Reibungsverluste entstehen. Die Form der Bandführung und die Oberfläche sind völlig neu gestaltet. Eine wesentlich größere und gekrümmte Kontaktfläche ermöglicht eine exakte Führung des Bandes. Die Krümmung der Kontaktoberfläche führt zu einer Stabilisierung des Bandes. Diese Idee folgt dem gleichen Prinzip, nach dem Sie ein Stück Papier, dem Sie Stabilität geben wollen nicht gerade, sondern leicht gekrümmt halten.

Eine weitere geniale Detaillösung ist die durch die Drehrichtung der Andruckrollen gesteuerte Umschaltung der Bandführungen. Durch diese Technik greift jeweils nur die zur entsprechenden Bandlaufrichtung erforderliche Bandführung in den Transport ein. Reibungsverluste werden durch diese Technik weiter reduziert und die Wahrscheinlichkeit eines Azimuthfehlers weiter verringert.

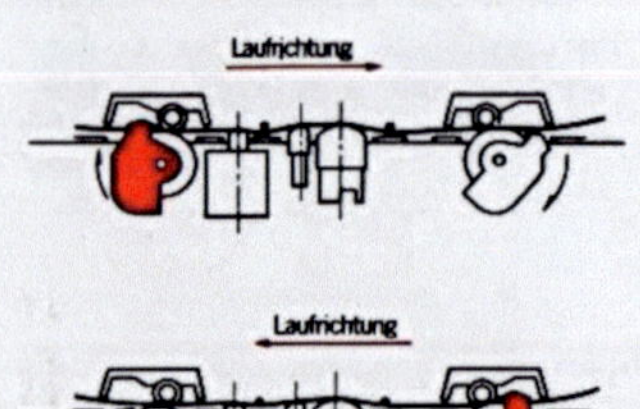

NAAC – ist die Antwort von Nakamichi auf die letzten Probleme bei Auto Reverse Cassettenrecordern der Spitzenklasse

Sowohl im DRAGON als auch im Cassettenteil des Nakamichi Mobile Sound Systems, findet man diese Nakamichi Spitzenlaufwerke, die mit zum hochwertigsten zählen, was heutige Cassettendeck-Technologie erreichen kann. Trotz aufwendigster mechanischer Präzision ist es dennoch, selbst bei diesen Laufwerken, nicht möglich gewesen, den Azimuthfehler völlig auszuschließen. So forschte Nakamichi seit 7 Jahren, um eine grundsätzliche Lösung des Azimuthproblems zu schaffen. Über Jahre hinaus waren unsere Labors mit Rechnern und Meßgeräten überfüllt, als wir noch versuchten, das Problem rein elektronisch zu lösen. Nach langen Jahren fanden wir endlich das richtige System: NAAC, das in seiner Funktionsweise genial einfach ist. Im Wiedergabekopf wurde der Kopfspalt für den rechten Kanal modifiziert. Er wurde so konzipiert, daß statt eines rechten Kanals, zwei rechte, halbe Kanäle zur Verfügung stehen. Im Falle einer korrekten Azimuthstellung des Kopfes sind diese beiden halben rechten Kanäle völlig identisch.

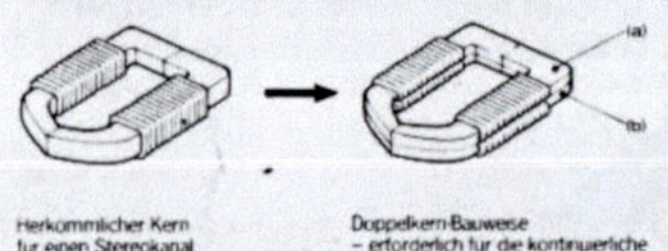

Liegt jedoch ein Azimuthfehler vor, so führt dieser zu einer Phasenverschiebung der Musiksignale, die von einer speziellen Elektronik entdeckt wird. Dann regelt ein Motor die Stellung des Wiedergabekopfes so lange nach, bis diese Phasenverschiebung nicht mehr vorhanden ist, also beide Teile des rechten Kanals wieder identisch sind. In dieser Weise wird der Spalt des Wiedergabekopfes stets exakt parallel zu den anfangs genannten „Musikstreifen" auf dem Band gehalten. Auch bei einer Laufrichtungsumkehr wird ein Azimuthfehler sofort erkannt und die Kopfstellung umgehend korrigiert. Somit kann das NAAC-System, dessen mechanischer Aufbau erstaunlich simpel ist, in jeder Beziehung als endgültiges Azimuthfehler-Korrektursystem bezeichnet werden.

Gemäß der Weisheit, daß man nie den zweiten Schritt vor dem ersten machen sollte, haben wir erst nach Vollendung des NAAC-Systems das neue Laufwerk entwickelt. Die Kombination der beiden Entwicklungen stellt das „Non-Plus-Ultra" heutiger Cassettentechnologie dar.

Wir haben uns bemüht, Ihnen mit dieser Information etwas über die komplexen Probleme qualitativ hochwertiger Musikaufzeichnung zu vermitteln. Es ist nun an Ihnen, den nächsten Schritt in die richtige Richtung zu machen, um sich bei Ihrem Nakamichi Fachhändler von der schon legendären Nakamichi Qualität zu überzeugen.

Nakamichi GmbH
Stephanienstraße 6
4000 Düsseldorf 1
Tel. 02 11 - 35 90 36 / 39

Eine neue Epoche der Innovation:
Dragon. Ein unerhörtes Erlebnis.

Höchstens ein- oder zweimal innerhalb eines Jahrzehnts gelingt ein wirklich bemerkenswerter „Durchbruch" auf dem Gebiet der Cassettenaufzeichnungs-Technologie: Nicht nur Detailverbesserungen, sondern ein grundlegender Einschnitt in der technologischen Innovation, die den Weg für zukünftige Entwicklungen freigibt.

Solche „Epochen" eröffnete Nakamichi schon mehrmals: Mit der Einführung des ersten Rauschunterdrückungssystems Dolby*B, bald gefolgt von Dolby* C. Mit der Einführung von Mikroprozessoren und dem SLT-Motor mit super-linearem Drehmoment, wodurch man das Problem der Gleichlaufschwankungen endgültig vergessen konnte. Nur ein Problem blieb, ein unerhört schwieriges sogar: Azimuthfehler beim Wiedergabekopf, die eine Austauschbarkeit der Bänder – oder die Wiedergabe beim Auto Reverse – in wirklich echter HiFi-Qualität verhinderten.

Die Lösung dieses Problems blieb diesem Jahrzehnt – und Nakamichi – vorbehalten: N.A.A.C. (Nakamichi Auto Azimuth Correction) im Nakamichi Dragon verwirklicht ein bisher unerhörtes Musikerlebnis – HiFi in Vollendung.

* Dolby ist das eingetragene Warenzeichen der Dolby Laboratories Inc.

Der Dragon ist Referenz-Recorder der Zeitschrift Stereoplay.

Nakamichi

Modell	unverbindliche Preisempfehlung DM	Modell	unverbindliche Preisempfehlung DM
Cassetten Decks		**Serie 1000**	
DR-1	1.698,00	N1000 HOME	12.995,00
DR-2	1.298,00	N1000 p HOME	9.995,00
DR-3	798,00		
DRAGON	4.150,00	N1000 PRO	13.995,00
CR-7	4.000,00	N1000 p PRO	10.995,00
RX-505	2.700,00		
RX-202	1.550,00	N1000 mb	11.900,00
CassetteDeck 1	1.498,00	N1000 mbi	13.900,00
CassetteDeck 1.5	1.245,00		
CassetteDeck 2	894,00	**Zubehör**	
		PS-100	200,00
Electronic		MX-100	250,00
IA-1	1.698,00	SF-10	30,00
IA-2	1.198,00	DM-10	110,00
IA-3	798,00	SP-7	198,00
Amplifier 1	1.698,00	RM-5	100,00
Amplifier 2	998,00	RM-15	125,00
CA-5II	1.500,00	RM-20	125,00
CA-7	6.995,00	RM-300	450,00
PA-5II	2.998,00	SRC-1	36,90
PA-7II	3.600,00	SRC-2	29,60
ST-2	898,00	SRC-3	36,90
Tuner 2	745,00	RC-1	190,00
ST-7	1.495,00	RC-2	215,00
		RC-3	190,00
Receiver		RC-4	230,00
RE-1	2.198,00	SPC-1	565,00
RE-2	1.498,00	RS-7	512,00
RE-3	798,00	RS-5	150,00
Receiver 1	2.198,00		
Receiver 2	1.498,00	ZX-C90	25,00
Receiver 3	798,00	SXII-C90	23,00
Space 7	2.700,00	SXII-C60	21,70
		SX-C90	19,20
CD-Spieler		SX-C60	17,10
MB-1	3.498,00	EXII-C90	19,70
MB-2	1.998,00	EXII-C60	14,80
MB-3	1.498,00		
CD-4	798,00	PE-1	350,00
CDPlayer 1	3.995,00	DA-111p	2.498,00
CDPlayer 2	1.998,00	IF-102	1.545,00
CDPlayer 3	1.498,00	IF-103p	3.360,00
CDPlayer 4	798,00	IF-104p	3.770,00

Ja, ein absolutes Traumgerät! Aber PHILIPS hatte auch eine Lösung, um den Kopfspalt immer perfekt eingestellt zu haben: AZTEC, später AZIMUTH.

Test Audio 5/84: „Der Philips hat eine hervorragende Bandführung. Phasenverschiebungen sind kaum zu erkennen."

AZTEC — die optimale Bandführung am Tonkopf

Eine der wichtigsten Hürden auf dem Weg zur Verbesserung der Klang-Qualität ist der „Azimut-Fehler", der entsteht, wenn das Band nicht absolut senkrecht am Tonkopf vorbeigeführt wird. Dieser Azimut-Fehler wirkt sich besonders auf Aufnahme und Wiedergabe der Höhen aus. Selbst die ausgefeilteste Laufwerktechnologie konnte dieses Problem in der Vergangenheit nicht befriedigend lösen.

Gründe für die Schwierigkeit, das Band absolut senkrecht am Tonkopf entlangzuführen, liegen z. B. in Toleranzen verschiedener Cassetten-Gehäuse, in der Bandführung innerhalb der Cassette und im Bandantrieb im Recorder. Eine Bandführung, die für ein Tonband ideal ist, kann für ein Band einer anderen Marke trotzdem nur ungenügend sein.

AZTEC (Azimuth Tape Error Correction) ist die Antwort der Philips-Forschung auf dieses Problem. Die Führungsschlitze an der Ein- und Auslaufseite des Tonkopfs, üblicherweise rechtwinkelig, wurden mit einer leichten Schräge an der unteren Führungskante versehen. So wird das Band immer gegen die rechtwinkelige obere Kante gedrückt, auch wenn es zum Beispiel Toleranzen in der Breite hat. Die oberen Kanten definieren den „Null-Grad-Azimut-Fehler", die Schrägen lassen dem Band vertikal zur Laufrichtung keinen Spielraum.

Das AZTEC-Bandführungssystem von Philips ist Teil eines maschinell hergestellten Präzisions-Blocks, in den der Tonkopf eingeschoben wird.

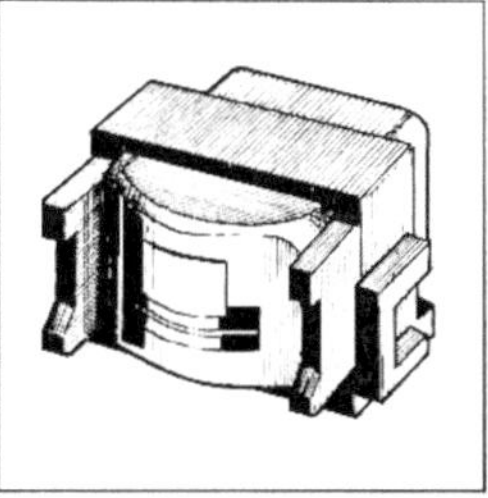

In der Präzisionslehre wird der Kopf so genau justiert, daß der Azimut-Fehler kleiner ist als 1′ und die Höhenposition exakt fixiert bleibt.

Das Ergebnis dieser Konstruktion hat selbst die Philips-Techniker und die Fachwelt überrascht. Bei Vergleichsmessungen stellte sich nämlich klar heraus, daß der Azimut-Fehler in Recordern mit der AZTEC-Bandführung unhörbar und kaum noch meßbar ist.

Wenn erst AZTEC-Köpfe in allen Cassetten-Recordern zu finden sind, werden auch Compact-Cassetten völlig kompatibel sein: Jede Cassette kann auch auf einem anderen Recorder ohne Qualitätsverluste abgespielt werden, nicht nur auf dem, wo sie bespielt wurde. In den neuen Cassetten-Recordern von Philips hält diese geniale Konstruktion ihren Einzug in die HiFi-Welt.

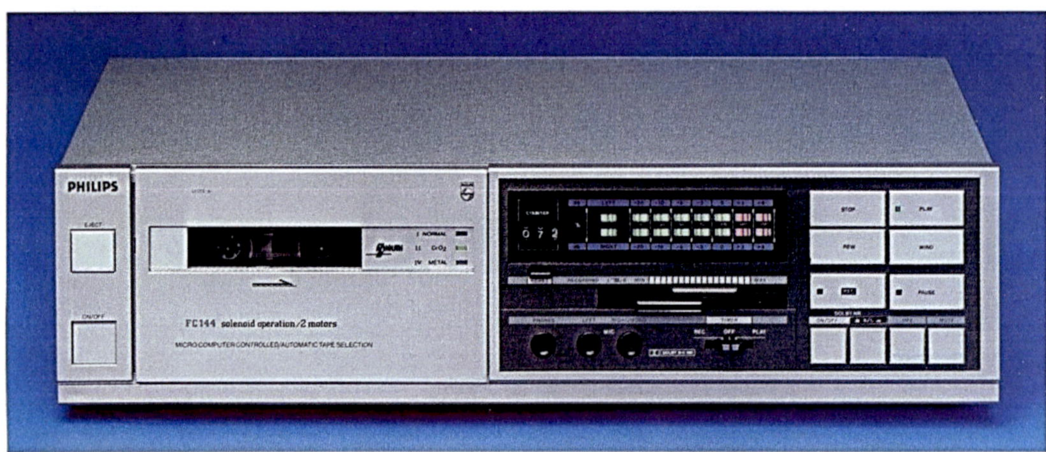

HiFi Cassetten-Deck FC 144

- Für Metal-, Chromdioxid- und Eisenoxid-Cassetten
- Frequenzbereich 30—18.000 Hz (Metal-Cassetten)

- AZTEC, völlig neuartige Bandführung am Tonkopf
- FSX-Sendust-Tonkopf für Aufnahme und Wiedergabe, Ferrit-Doppelspalt-Löschkopf
- Microprozessor-gesteuertes Laufwerk mit Tipp-Tasten-Bedienung
- Dolby B & C Rauschunterdrükkung

- 2 LED-Ketten für Pegelaussteuerung und Balanceregelung
- Automatische Bandendabschaltung
- MPX-Filter für UKW-Pilotton
- Frontanschluß für 2 Mikrofone und Kopfhörer

Technische Daten: Seiten 30/31

Seit 1973 wird bei SÜLTZ ELEKTRONIK, genauer gesagt, Radio- und Fernseh-Werkstatt Heinz Sültz, Meisterbetrieb, das Thema AZIMUT groß geschrieben.

ELAC - THE FISHER - NAKAMICHI
Sültz Service & Reparatur
Meisterbetrieb seit 1973

Nachdem ELAC viele Recorder, CD 400, 500 und 520, mit nicht korrekt eingestellten Tonköpfen ausgeliefert hatte, musste gehandelt werden. Der Käufer selbst merkte nichts, solange die aufgenommenen Compact Cassetten nicht auf anderen Recordern abgespielt wurde. Eilig wurden Einstellcassetten verteilt.

Mit dieser Einstelllehre haben Auszubildende Radio- und Fernsehtechniker damals bei SÜLTZ die AZIMUT-Einstellungen durchgeführt. So entstand bei jedem Techniker, den Meister Sültz ausgebildet hat, ein Fingerspitzengefühl. Nach 40 Jahren SÜLTZ ELEKTRONIK kommen so einige Tausend Einstellungen zusammen.

Eintaumeln des Tonkopfes an der Einstellschraube

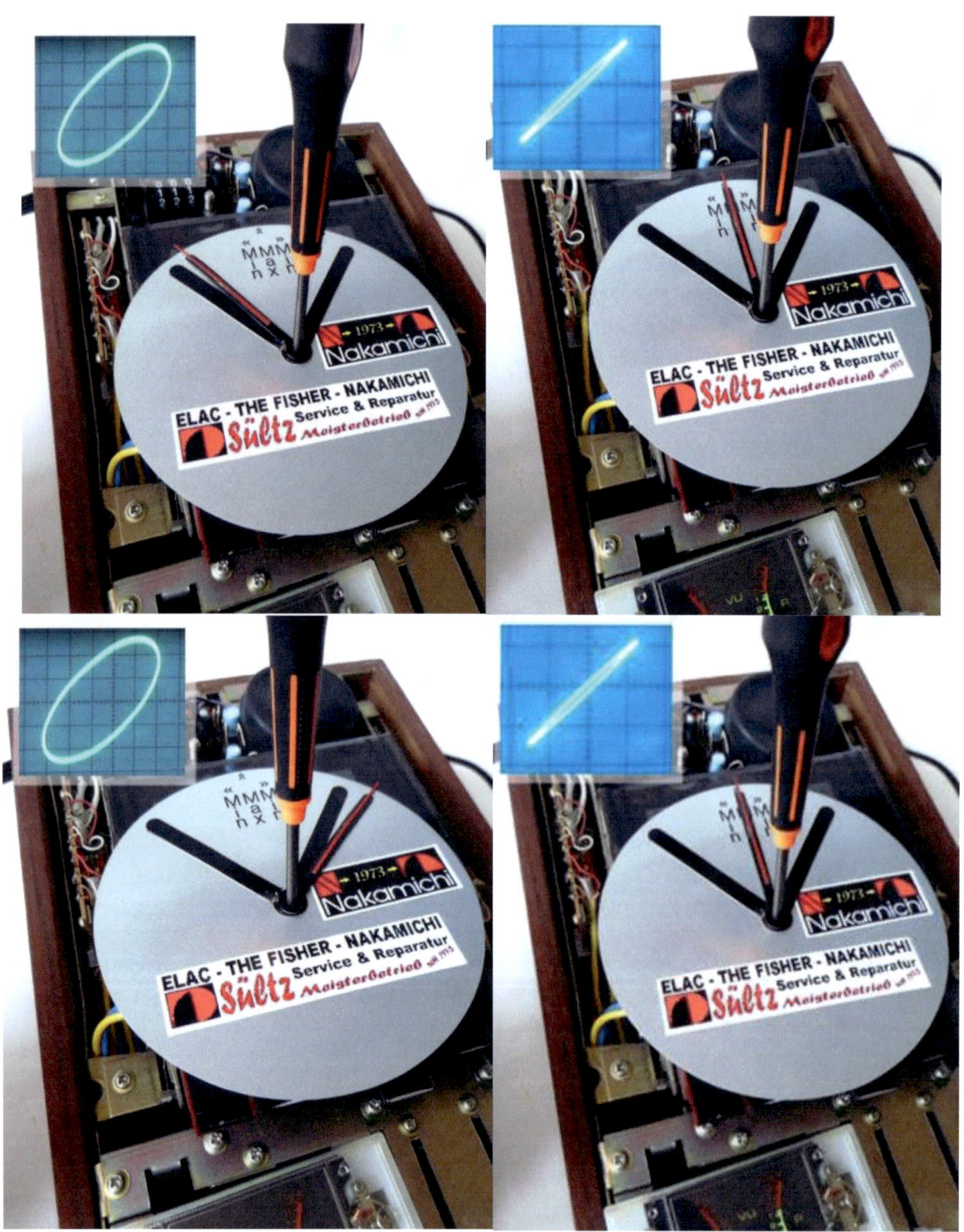

Übrigens waren die Recorder von Henry Kloss, ADVENT 200, immer perfekt eingestellt.
Der Recorder ADVENT 200 gilt als der erste Recorder, der 1971 die HiFi-Schallmauer
durchbrach. Der Recorder besitzt das NAKAMICHI-Chassis.

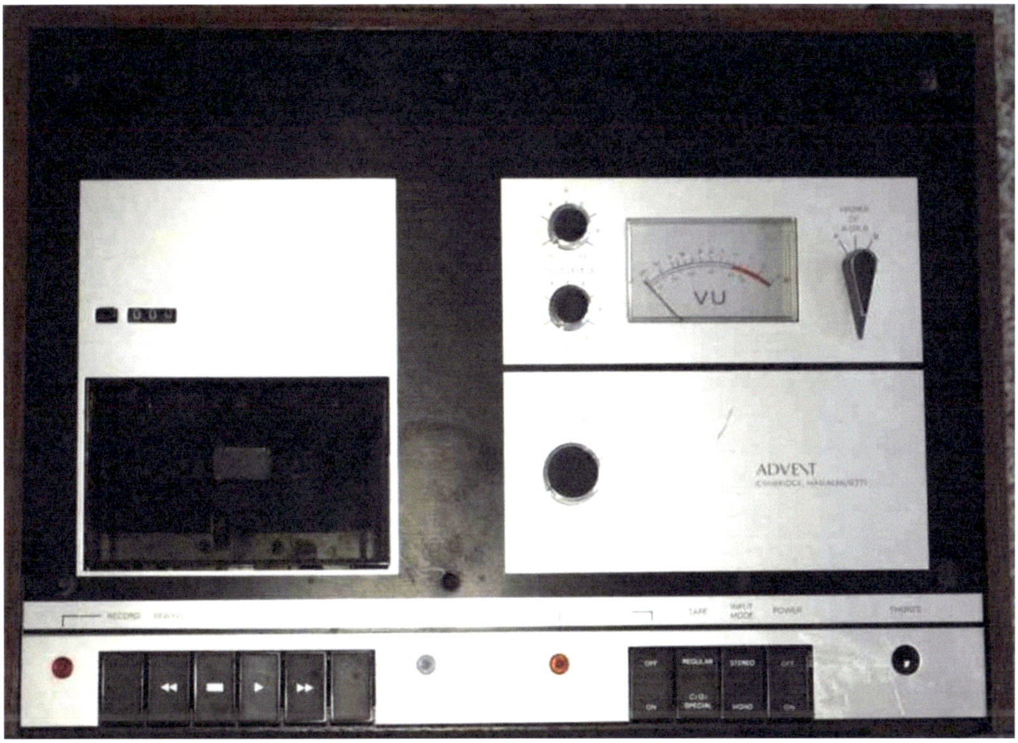

Allerdings kratzten Ende der 1960'er Jahre bereits HARMAN KARDON und THE FISHER an der
HiFi-Schallmauer… natürlich mit NAKAMICHI-Chassis!

Aber das ist wieder eine andere Geschichte in einem weiteren SÜLTZ Buch ;-)

Hier die erste Chrom-Compact Cassette aus dem Jahr 1971 von DuPont/USA:

ADVENT 201

Einen ganz herzlichen Dank an meinen Berufsschullehrer Herrn
Wilhelm Vahland, Stud. Dir., Gewerbliche Berufsschulen Dortmund,
Fachbereich Radio- und Fernsehtechnik.
Sowie einen herzlichen Dank an Herrn Lou Ottens,
ohne ihn wäre die Leiden- schafft Compact Cassette nie entbrannt.

Uwe H. Sültz

Autor und Journalist

Akkreditierung durch Center TV, André Zalbertus

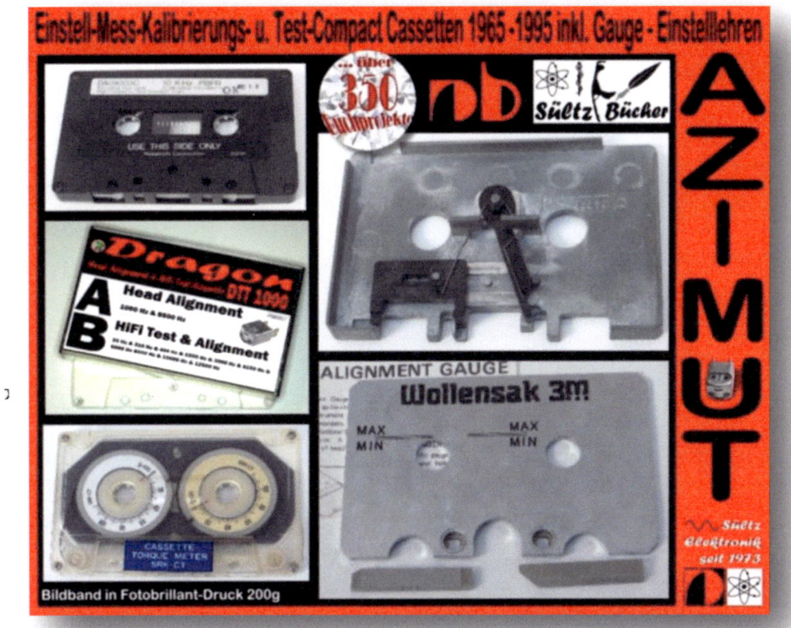

Einstell-Mess-Kalibrierungs- u. Test-Compact Cassetten 1965 -1995 inkl. Gauge - Einstellehren
... über 350 Kalibrierprojekte
nb
Sültz Bücher
AZIMUT
USE THIS SIDE ONLY
Dragon DTT 1000
A
B
Head Alignment
HiFi Test & Alignment
ALIGNMENT GAUGE
Wollensak 3M
MAX
MIN
MAX
MIN
CASSETTE TORQUE METER SRK-CT
Sültz Elektronik seit 1973
Bildband in Fotobrillant-Druck 200g

Kalender 2063
100 Jahre
Compact Cassetten
1963 - 2063
PHILIPS
PHILIPS
MADE IN HOLLAND
Uwe H. Sültz
Fotokalender für 2063 mit
50 Compact Cassetten-
Abbildungen ab 1963.

Uwe H. Sültz

60 Jahren
PHILIPS
Compact Cassetten Recorder
EL 3300 bis 3312
1963 bis 1976
WOLLENSAK AUTOVOX NORELCO
SIERA PANASONIC MERCURY
GRAETZ HORNYPHON TELEFUNKEN
PHILIPS

Lou Ottens

PHILIPS
MADE IN HOLLAND
PHILIPS

PHILIPS

Bildband

SUeltz Books
INTERNATIONAL

GOLD EDITION
UWE H. SÜLTZ